RECHNEN

zur

VORBEREITUNG AUF DEN BERUF

Von
Siegfried Dallmann
und
Prof. Dr. Peter Bardy,
unter Mitarbeit von
Thomas Bardy

9. Auflage

HANDWERK UND TECHNIK · HAMBURG

Hinweise

1. Zur Lösung fast aller Aufgaben können Sie einen **Taschenrechner** benutzen. **Einfache Rechnungen** sollten Sie aber **im Kopf** oder **handschriftlich** durchführen.

   In Ihrem Buch finden Sie auch Aufgaben, die Sie unbedingt im Kopf oder handschriftlich lösen sollten.

2. Wir empfehlen, einen Taschenrechner mit **Prozenttaste** % zu benutzen.

3. Die durch ein Kästchen gekennzeichneten Seiten, z. B. 5 oder 17, sind wichtig.

   Seiten ohne Kästchen, z. B. **41**, können ausgelassen werden.

4. Wichtige Kapitel sind im Inhaltsverzeichnis rot unterlegt.

5. Aufgaben mit einem Stern ★ sind für Könner.

ISBN 978-3-582-**20117**-1

Verlag Handwerk und Technik GmbH,
Lademannbogen 135, 22339 Hamburg; Postfach 63 05 00, 22331 Hamburg – 2008
E-Mail: info@handwerk-technik.de – Internet: www.handwerk-technik.de

Umschlaggestaltung: harro.wolter@freenet.de
Satz: comSet Helmut Ploß, 21031 Hamburg
Druck: Himmer AG, 86167 Augsburg

Inhaltsverzeichnis

1. Wir addieren

1 Wir rechnen im Kopf:

a) 7 + 8	e) 900 + 700	i) 2000 + 3500
b) 14 + 16	f) 12 + 13 + 14	j) 11 + 12 + 27
c) 12 + 24	g) 17 + 18 + 5	k) 100 + 200 + 350
d) 112 + 13	h) 350 + 650	l) 12,50 € + 13,00 €

2 Wir rechnen schriftlich:

Beispiele:

	①		②
	110		5,78 €
	+ 23		+ 12,98 €
	+ 38		+ 27,16 €
(Übertrag)	*1*	(Übertrag)	*11,2*
	171		45,92 €

Komma unter Komma schreiben!

a)	b)	c)	d)
220	77	12,98 €	135,98 €
+ 34	+ 1080	+ 37,55 €	+ 95,99 €
+ 128	+ 355	+ 51,77 €	+ 567,95 €

Die nächsten Aufgaben können Sie im Kopf, schriftlich oder mit dem Taschenrechner (TR) rechnen:

3 a) Ordnen Sie die 20 in der Abbildung genannten Ausbildungsberufe, beginnend mit dem am meisten gewählten Ausbildungsberuf, gemischt für junge Männer und Frauen. Notieren Sie bei jedem Beruf die Anzahl der Auszubildenden.

b) Wie viele Auszubildende insgesamt haben sich im Jahre 2006 für einen der 20 Ausbildungsberufe entschieden?

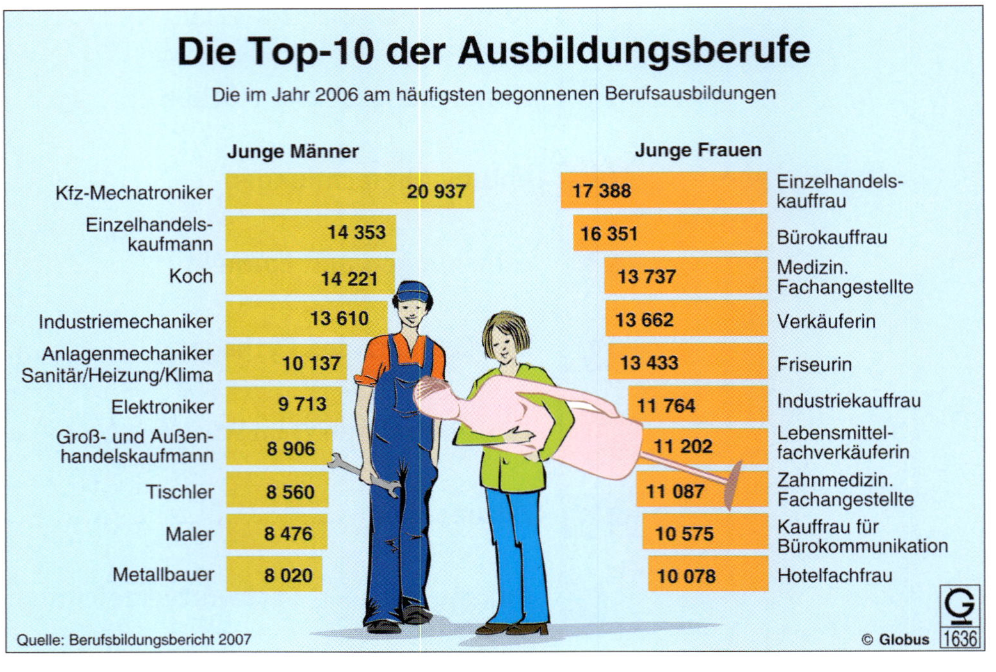

4

Tachostand am Montagmorgen

Ein Kraftfahrer fuhr in einer Woche folgende Strecken:

Montag	285 km
Dienstag	178 km
Mittwoch	519 km
Donnerstag	68 km
Freitag	706 km

a) Wie viele km ist er in dieser Woche gefahren?
b) Ermitteln Sie den Tachostand am Freitagabend.

5

a) 75,69 + 48,90
b) 104,75 + 96,03
c) 422,82 + 105,44
d) 666,66 + 234,01
e) 832,15 + 311,96
f) 121,95 + 946,75
g) 1044,88 + 988,46
h) 2001,75 + 1996,35
i) 0,015 + 1,865

6

a) 44,21 + 95,05 + 86,09
b) 135,24 + 608,96 + 945,32
c) 1066,95 + 22,08 + 5964,22 + 1,22
d) 1224,05 + 9,96 + 8924 + 296,45
e) 0,86 + 1,25 + 3,95 + 4,37 + 15,75
f) 1000,96 + 2024,09 + 1,96 + 325,75 + 25,24

7

a) Frau Müller hat eingekauft:
beim Bäcker für 7,80 €;
beim Metzger für 10,07 €;
im Lebensmittelgeschäft für 24,25 €.
Außerdem fielen heute noch folgende Kosten an:
Schuhreparatur 10,10 €;
monatlicher Bezugspreis für die Tageszeitung 19,30 €.

Wie viel € hat Frau Müller insgesamt ausgegeben?

b) Frau Müller zahlt im Monat folgende Beträge für ihre Wohnung:

Miete:	640,00 €,
Wasser:	12,50 €,
Heizung:	43,50 €,
Strom:	16,90 €.

Wie hoch ist die Wohnungsmiete zuzüglich der Nebenkosten?

8

Die Waschmaschine funktioniert nicht mehr. Der Kundendienst wird angerufen. Für die Leistung des Monteurs werden 72,00 € berechnet. Zusätzlich fallen noch die Kosten für die Ersatzteile (67,50 €) und die Fahrtkosten (9,00 €) an.

Wie viel € kostet die Reparatur insgesamt?

9 Hans will Tischler, Peter Betriebsschlosser und Stefan Maurer werden. Jeder möchte sich die wichtigsten Werkzeuge selbst kaufen. Sie haben sich in Fachgeschäften beraten lassen und die Preise notiert.

Wie viel € muss jeder zahlen?

a) Hans

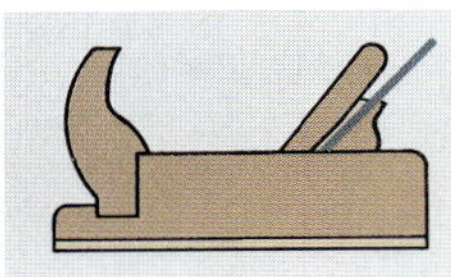

1	Hammer	3,20 €
1	Beißzange	6,25 €
1	Senkstift	1,55 €
1	Putzhobel	15,50 €
	Stemmeisen:	
1	10 mm	5,30 €
1	15 mm	6,20 €
1	20 mm	7,00 €
1	25 mm	8,20 €
2	Schraubzwingen	je 7,80 €
1	Feile grob	3,00 €
1	Feile fein	3,00 €
1	Raspel	3,00 €
1	Feinsäge	8,70 €
1	Fuchsschwanz	7,80 €
	Schraubendreher, verschiedene Längen	
1	100 mm	1,60 €
1	140 mm	2,50 €
1	150 mm	2,80 €
1	160 mm	2,95 €
1	Anschlagwinkel	12,80 €
1	Gehrungslehre	4,00 €
1	Gliedermaßstab	2,50 €
1	Satz Bohrer 1–10mm	11,00 €
1	Dose Kaltleim 1 kg	2,50 €

b) Peter

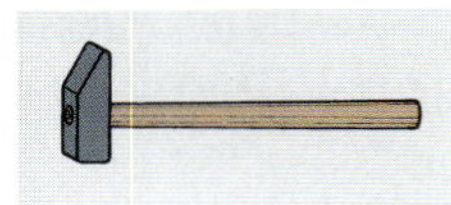

1	Hammer	3,20 €
1	Meißel	4,20 €
1	Körner	1,50 €
1	Beißzange	6,00 €
1	Kombizange	5,00 €
1	Rohrzange	21,00 €
1	Schruppfeile	3,00 €
1	Schlichtfeile	3,00 €
1	Schraubendreher	2,80 €
1	Gliedermaßstab	2,80 €
1	Satz Schraubenschlüssel 8–27 mm	21,00 €
1	Blechschere	7,90 €
1	Satz Stahlbohrer HSS	25,00 €
1	Eisensäge	6,50 €
1	Messschieber	28,00 €
1	Werkzeugkasten	16,00 €

c) Stefan

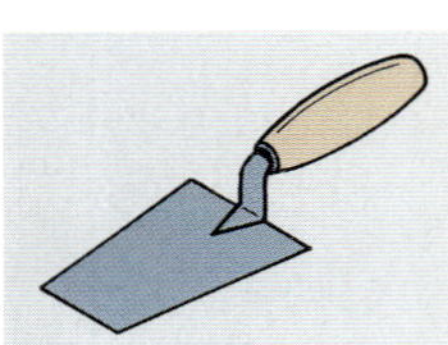

1	Hammer	7,00 €
1	Putzerkelle	9,50 €
1	Maurerkelle	6,00 €
1	Wasserwaage	13,00 €
5	Putzhaken	je 2,20 €
1	Reibebrett	1,90 €
1	Fummelbrett	1,40 €
1	Quast	1,50 €
1	Maurerschnur	2,50 €
1	Lot	2,50 €
1	Fugeisen	2,55 €
1	Schwammbrett	4,25 €
1	Fäustel	4,50 €
1	Meißel	4,80 €
1	Eimer	1,20 €

Weitere Aufgaben zur Addition siehe Kapitel 5.

2. Wir subtrahieren

1 Wir rechnen im Kopf:

a) 9 – 7	d) 17 – 9	g) 110 – 20	j) 300 – 50 – 120
b) 7 – 2	e) 33 – 13	h) 220 – 50	k) 200 – 40 – 60
c) 16 – 11	f) 45 – 24	i) 1000 – 450	l) 170 – 55 – 25

2 Wir rechnen schriftlich:

Beispiele:

① 587 − 345 = 242

② 6,738 kg − 1,329 kg = 5,409 kg

③ 169,07 € − 19,49 € = 149,58 €

Komma unter Komma!

a) 96 − 64	b) 791 − 556	c) 3,675 kg − 1,457 kg	d) 293,43 € − 78,28 €
e) 807 – 603	f) 971 – 50,8	g) 3,89 – 1,777	h) 17,197 – 8,23

3

a) 1024,06 – 821,5
b) 121,75 – 80,93
c) 0,75 – 0,062
d) 2275 – 376,99
e) 482,9 – 75,04
f) 532,064 – 496,75

4

a) 1000 – 250 – 36
b) 4555 – 832 – 604
c) 732,06 – 604,2 – 7,5
d) 62,85 – 15,25 – 4,32

5 Ein Tischler sägt von einem Brett (Länge 6 m) 1,5 m ab.

Wie viele m bleiben übrig?

6 Ein Fliesenleger bekommt für seine Arbeit 2000,00 €. Sein Auftraggeber zahlt in Raten:
1. Rate: 250,00 €,
2. Rate: 150,00 €,
3. Rate: 375,00 €,
4. Rate: 225,00 €,
5. Rate: 680,00 €.

Welchen Betrag kann der Fliesenleger noch erwarten?

7 Herr Müller hat seinen Hausrat mit 50 000 € versichert. Seine Einrichtung hat folgenden Wert:

Wohnzimmer	20 545 €,
Farbfernseher	1 500 €,
Schlafzimmer	9 860 €,
Küche	10 758 €,
Teppichboden	3 680 €,
Waschmaschine	748 €,
Kinderzimmer	680 €.

Ihm fällt ein, dass er die mittlerweile verkaufte Truhe im Wert von 1800 € bei seiner Wohnzimmereinrichtung mitgerechnet hat. In den nächsten Tagen will er einen Sessel zum Einzelpreis von 278 € kaufen.

Überprüfen Sie, ob die Versicherungssumme ausreicht.

8 Sie sind im Lager der Bauunternehmung Steinmann beschäftigt und führen die elektronische Lagerkartei. Sie müssen jedoch beim Ausfall der EDV in der Lage sein, den Lagerbestand zu ermitteln.

Berechnen Sie nach folgendem Beispiel (Nr. 1) jeweils den Bestand.

Beispiel: 5690 – 725
= 4965

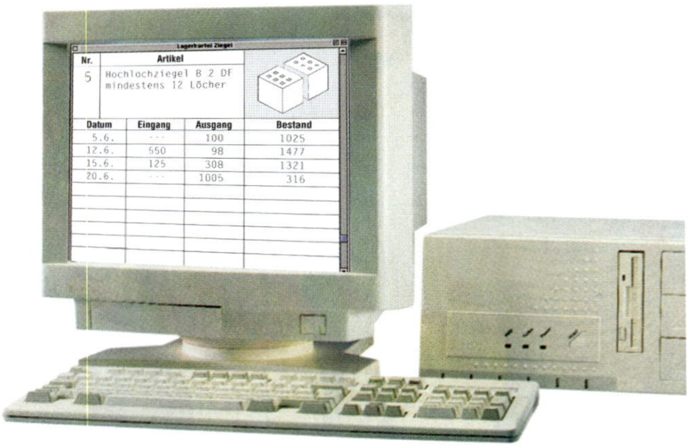

Lagerkartei Ziegel

Nr.	Artikel		
1	Vollziegel		
Datum	**Eingang**	**Ausgang**	**Bestand**
5.5.	2000	---	5690
10.5.	---	725	4965

Lagerkartei Ziegel

Nr.	Artikel		
2	Vollziegel gelocht		
Datum	**Eingang**	**Ausgang**	**Bestand**
8.6.	---	500	1075
15.6.	175	---	?

Lagerkartei Ziegel

Nr.	Artikel		
3	Hochlochziegel A 2 DF mindestens 36 Löcher		
Datum	**Eingang**	**Ausgang**	**Bestand**
2.6.	350	---	850
4.6.	250	460	?

Lagerkartei Ziegel

Nr.	Artikel		
4	Hochlochziegel A 3 DF mit Griffschlitz		
Datum	**Eingang**	**Ausgang**	**Bestand**
8.5.	120	305	958
10.5.	300	725	?

Lagerkartei Ziegel

Nr.	Artikel		
5	Hochlochziegel B 2 DF mindestens 12 Löcher		
Datum	**Eingang**	**Ausgang**	**Bestand**
5.6.	---	100	1025
12.6.	550	98	?
15.6.	125	308	?
20.6.	---	1005	?

Lagerkartei Ziegel

Nr.	Artikel		
6	Einkammer-Hohlblock-stein		
Datum	**Eingang**	**Ausgang**	**Bestand**
9.9.	1000	---	7250
20.9.	2860	5050	?

Lagerkartei Ziegel

Nr.	Artikel		
7	Zweikammer-Hohlblock-stein		
Datum	**Eingang**	**Ausgang**	**Bestand**
2.9.	---	---	10250
12.9.	250	3010	?

Lagerkartei Ziegel

Nr.	Artikel		
8	Vierkammer-Hohlblock-stein		
Datum	**Eingang**	**Ausgang**	**Bestand**
7.9.	450	150	854
10.9.	208	450	?
12.9.	---	455	?

Lagerkartei Ziegel

Nr.	Artikel		
9	Dreikammer-Hohlblock-stein		
Datum	**Eingang**	**Ausgang**	**Bestand**
5.9.	---	---	550
6.9.	307	650	?

Lagerkartei Ziegel

Nr.	Artikel		
10	Kalksandstein Normalformat NF		
Datum	**Eingang**	**Ausgang**	**Bestand**
7.9.	800	---	5050
8.9.	1052	750	?
10.9.	684	500	?
11.9.	---	350	?

Weitere Aufgaben zur Subtraktion siehe Kapitel 5.

3. Wir multiplizieren

1 Rechnen Sie im Kopf:

a) 6 · 7 c) 8 · 9 e) 25 · 4 g) 3,5 · 2
b) 7 · 8 d) 11 · 11 f) 5 · 50 h) 1,52 € · 3

2 Rechnen Sie schriftlich:

Beispiele:

① 56 · 4
224

② 18 · 21
36
18
378

③ 3,7 · 1 3
37
11 1
48,1

④ 2,31 · 4,43
924
92 4
6 93
10,23 33

Stellen 43 21 — Stellen 4321

2,31 · 4,43 = 10,2333

Wohin muss das Komma?

Im Ergebnis wird das Komma so gesetzt, dass genau so viele Nachkommastellen entstehen wie bei den zwei Zahlen der Aufgabe zusammen.

a) 34 · 3 b) 22 · 31 c) 5,3 · 17 d) 7,58 · 15,1 e) 12,4 · 13,5

3 Überschlagen Sie im Kopf und kontrollieren Sie anschließend Ihr Ergebnis mit dem TR:

Beispiel: 17,8 · 4,4 ≈ 20 · 4 = 80; 1 7 . 8 × 4 . 4 = 78.32

a) 18,6 · 9,3 b) 94 · 3,7 c) 100,11 · 3,78
d) 11,7 · 17,8 e) 48,7 · 4,16 f) 1666 · 0,51

4 Rechnen Sie mit dem TR und überprüfen Sie anschließend das Ergebnis durch Überschlag im Kopf:

Beispiel: 0,89 · 2,43; 0 . 8 9 × 2 . 4 3 = 2.1627
0,89 · 2,43 ≈ 1 · 2 = 2

a) 26,534 · 3,14 b) 99,8 · 81,7 c) 83,45 € · 3,2 d) 0,083 · 2,77

5 a) 100,5 · 3,14 b) 5,6 · 156,5 c) 143,75 · 5,5
d) 143,6 · 8,5 e) 324 · 32,6 f) 9,8 · 1052,75

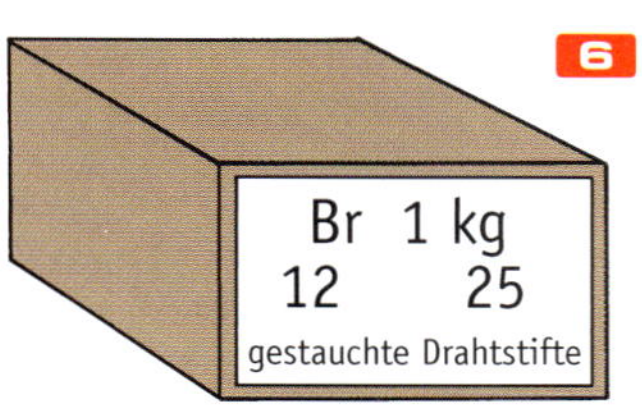

6 Im Lager stehen 18 Packungen mit gestauchten Drahtstiften. In jeder Packung sind 86 Drahtstifte.

Wie viele Drahtstifte sind insgesamt vorhanden?

7 a) Diesen Betrag müssen Sie zahlen!

Zahlen Sie bei Aufgabe a) immer mit den größtmöglichen Scheinen oder Münzen.

	Scheine							**Münzen**							
	Euro							Euro		Cent					
	500	200	100	50	20	10	5	2	1	50	20	10	5	2	1
225,26 €	–	1	–	–	1	–	1	–	–	–	1	–	1	–	1

Fertigen Sie eine Tabelle nach obigem Muster an; füllen Sie diese für folgende Geldwerte aus:

218,30 €	506,83 €	6,45 €	448,58 €
650,77 €	376,61 €	299,92 €	18,07 €
499,19 €	775,84 €	106,09 €	70,87 €

b) Und jetzt umgekehrt!

Sie bezahlen mit folgenden Scheinen und Münzen.

Schreiben Sie den Betrag in diese Spalte.

	100	50	20	10	5	2	1	0,50	0,10	€
Beispiel:	3	1	1	–	–	–	1	1	1	371,60
	6	–	–	1	1	1	1	1	8	?
	–	8	3	2	1	2	–	–	7	?
	4	2	3	–	–	–	8	3	2	?
	–	6	–	6	9	3	–	4	–	?
	9	2	3	2	8	1	3	4	2	?
	–	7	3	5	5	4	5	6	9	?
	5	5	5	5	5	5	5	5	5	?
	1	2	3	4	5	6	7	8	9	?
	–	10	–	9	–	8	–	7	–	?

8 Übertragen Sie die folgende Tabelle auf ein Blatt.

Berechnen Sie jeweils den Preis und tragen Sie diesen in die Tabelle ein.

	Einheiten			
Einzelpreis	10	100	1000	10 000
4,20 €	?	?	?	?

Weitere Einzelpreise:
45,83 € 248,95 € 0,05 € 0,87 € 18,25 € 0,70 €

9 Ihre monatliche Miete beträgt 375,75 €.

Wie hoch ist die Jahresmiete?

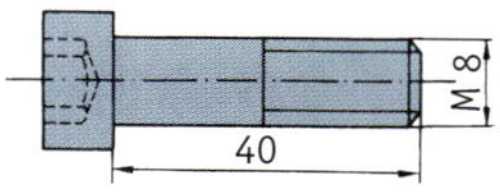

10 12 Maschinen sollen montiert werden. Für jede Maschine werden 28 Schrauben M 8 x 40 benötigt.

Wie viele Schrauben müssen Sie aus dem Lager holen?

11 Die Maschinen werden von der Herstellerfirma montiert. 2 Monteure arbeiten 7 Tage zu je 8 Stunden. Jeder erhält einen Stundenlohn von 9,87 €.

Was kostet die gesamte Montage?

12 Für Ihr Moped haben Sie noch 28 Monatsraten in Höhe von 57,50 € zu bezahlen.

Wie viel € müssen Sie insgesamt noch zahlen?

13 Für das Telefonieren mit dem Handy geben Sie wöchentlich 12,50 € aus.

a) Wie viel € kostet Sie das Telefonieren bei gleichbleibender Gesprächsdauer in einem Monat (4 Wochen)?
b) Wie viel € kostet es in einem halben Jahr?
c) Wie viel € kostet es in einem Jahr, wenn das Gerät einen Monat außer Betrieb ist?

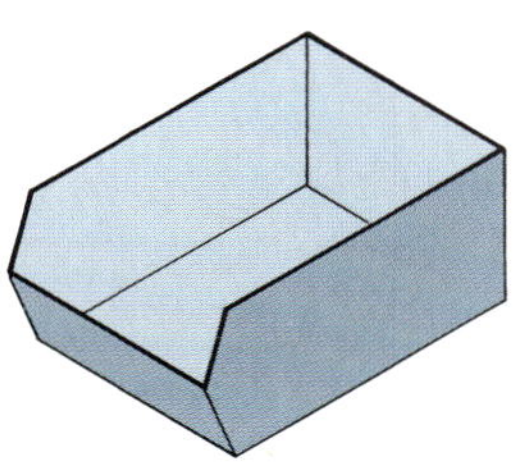

14 Sie kanten in einer Stunde 28 Blechkästen.

Wie viele Kästen fertigen Sie an, wenn Sie
a) 8 Stunden b) 17 Stunden c) 40 Stunden d) 188 Stunden
arbeiten und Ihre Arbeitsleistung gleich bleibend ist?

15 Berechnen Sie
a) den Tageslohn bei 8 Stunden Arbeit,
b) den Wochenlohn bei 40 Stunden Arbeit,
c) den Monatslohn bei 176 Stunden Arbeit.

Der Stundenlohn beträgt 7,58 €.

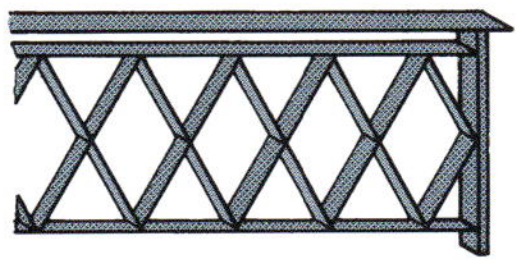

16 Zur Anfertigung eines Balkongeländers wird Flacheisen 6x30 benötigt. 1 m Flacheisen kostet 1,96 €. Sie kaufen 3 Stangen mit einer Länge von jeweils 6 m.

Was kosten die 3 Stangen insgesamt?

17 Überprüfen Sie die folgende Rechnung und berichtigen Sie sie, falls es erforderlich ist.

Menge	Gegenstand	Einzelpreis €	Gesamtpreis €
1	Mofa (gebraucht)	556,00	556,00
3 l	Motorenöl	6,50	19,50
2	Kupplungsscheiben	3,85	7,70
15	Schrauben M 6 x 30 mit Muttern	0,15	2,25
100 g	Farbe blau je 1 kg	6,15	0,62
		Gesamtbetrag:	586,07

18 Stellen Sie die Rechnung für den folgenden Auftrag nach obigem Muster aus und ermitteln Sie den Rechnungsbetrag.
2 Kotflügel zum Einzelpreis von 43,70 €,
100 g Farbe zum Preis von 6,12 € je kg,
12 m Klebeband zum Preis von 0,33 € je Meter.
Der Kunde zahlt mit zwei Fünfzig-EURO-Scheinen.

Welchen Betrag erhält er zurück?

19 Ein junger Mann verlangt anstelle des üblichen Lohnes für den ersten Arbeitstag einen Cent, für den zweiten Arbeitstag zwei Cent, für den dritten Tag 4 Cent, für den vierten 8 Cent und so weiter bis zum Monatsende (20 Arbeitstage); von Tag zu Tag jeweils das Doppelte.
Würden Sie auch so bescheiden sein?

Fertigen Sie eine Tabelle in der folgenden Weise an und tragen Sie für jeden Tag den Betrag in € ein. Rechnen Sie möglichst lange im Kopf!

1. Tag	2. Tag	3. Tag	4. Tag	... Tag
0,01 €	0,02 €	0,04 €	0,08 €	... €

Berechnen Sie, wie viel € der junge Mann in diesem Monat insgesamt verdienen würde.

Weitere Aufgaben zur Multiplikation siehe Kapitel 5.

4. Wir dividieren

1 Rechnen Sie im Kopf:

a) 18 : 6 b) 42 : 7 c) 48 : 8 d) 27 : 9 e) 100 : 25 f) 100 : 20 g) 7,50 € : 3 h) 9,00 € : 4

2 Rechnen Sie schriftlich:

Beispiele:

① 22 : 8 = 2,75	② 7,23 : 3 = 2,41	③ 592,8 : 13 = 45,6
16	6	52
60	12	72
56	12	65
40	03	78
40	3	78
0	0	0

Haben Sie das Komma der ersten Zahl erreicht, setzen Sie das Komma im Ergebnis!

a) 21,48 : 6
b) 403,7 : 11
c) 25 : 4
d) 1 : 8
e) 2 : 16
f) 14,4 : 12

3 Rechnen Sie schriftlich bis zur 3. Stelle hinter dem Komma:

a) 4000 : 9 b) 1096 : 6 c) 1235 : 99 d) 1634,9 : 26,9 e) 5740,8 : 456,5 f) 1208 : 3145

Was fällt Ihnen bei den Ergebnissen von a), b) und c) auf?

Erscheint/erscheinen hinter dem Komma immer die gleiche oder die gleichen Ziffern, spricht man von einer Periode.

Die Ziffer/Ziffern wird/werden nicht endlos geschrieben, sondern über der Ziffer/den Ziffern wird ein waagerechter Strich angebracht.

Beispiele: ① 642,11111111... = $642{,}\overline{1}$
(gesprochen: ... Komma Periode eins)

② 572,3232323232... = $572{,}\overline{32}$
(gesprochen: ... Komma Periode drei zwei)

4 Rechnen Sie mit dem **TR**:

a) 2,877 : 0,03 b) 28,77 : 0,3 c) 287,7 : 3 d) 2877 : 30 e) 345,67 : 6 f) 34 567 : 600

Was fällt Ihnen auf?

Bei der Division ändert sich das Ergebnis nicht, wenn beide Zahlen mit ein und derselben Zahl multipliziert werden.

5 Rechnen Sie schriftlich:

Machen Sie die zweite Zahl vor der schriftlichen Division zu einer ganzen Zahl. Dabei müssen die erste und die zweite Zahl mit derselben Zahl multipliziert werden.

Beispiele:

① 5,12 : 0,4 =
(5,12 · 10) : (0,4 · 10) =

51,2 : 4 = 12,8
4
11
8
32
32
0

also 5,12 : 0,4 = 12,8

② 2,088 : 0,12 =
(2,088 · 100) : (0,12 · 100) =

208,8 : 12 = 17,4
12
88
84
48
48
0

also 2,088 : 0,12 = 17,4

a) 8,25 : 2,5
b) 70,68 : 23,56
c) 108,06 : 0,06
d) 7,995 : 1,23
e) 454,96 : 3,76
f) 207 : 1,8
g) 16744 : 80,5
h) 31,557 : 3,14
i) 125 : 0,09

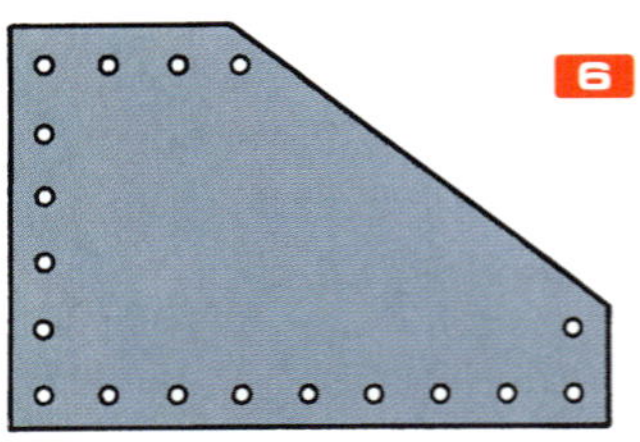

6 Knotenbleche sollen verschraubt werden. Für jedes Knotenblech werden 18 Schrauben benötigt. 1762 Schrauben sind vorhanden.

Wie viele Knotenbleche können verschraubt werden?

Rechnen Sie mit dem TR!
Ist es sinnvoll, alle Ziffern in der Anzeige abzulesen?

7 Überschlagen Sie im Kopf und kontrollieren Sie anschließend Ihr Ergebnis mit dem TR:

Beispiel: 18,785 : 2,89 ≈ 18 : 3 = 6

[1] [8] [.] [7] [8] [5] [÷] [2] [.] [8] [9] [=] [6.5]

a) 18,6 : 9,3
b) 95,7 : 2,8
c) 15,76 : 0,47
d) 0,12 : 3,6
e) 30,1 : 0,11
f) 89,77 : 3,14

8 Rechnen Sie mit dem TR und überprüfen Sie anschließend das Ergebnis durch Überschlag im Kopf:

Beispiel: 16,4566 : 2,14

[1] [6] [.] [4] [5] [6] [6] [÷] [2] [.] [1] [4] [=] [7.69]

16,4566 : 2,14 ≈ 16 : 2 = 8

a) 34,88 : 2,07
b) 25,14 : 4,98
c) 49,67 : 6,85
d) 30,8 : 0,3
e) 0,479 : 0,238
f) 0,0789 : 7,2

9 Rechnen Sie mit dem TR: 4 : 3; 10 : 6.
Sind die angezeigten Ergebnisse genau?

Jeder TR muss gelegentlich runden. Deshalb sind die Ergebnisse beim Rechnen mit dem TR nicht immer genau.

10

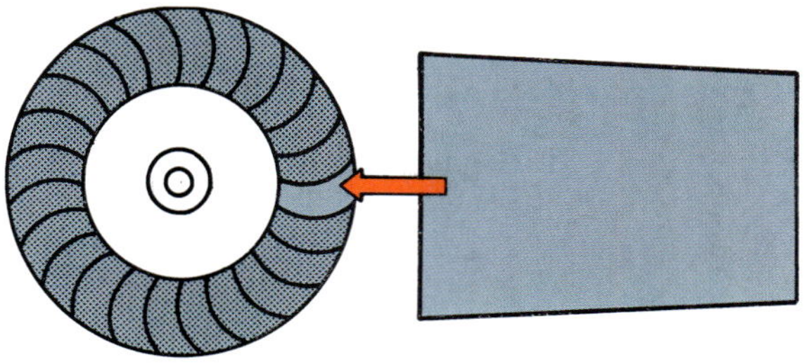

Aus einer Tafel Blech können 127 Flügel für Ventilatoren geschnitten werden. 875 Flügel werden benötigt.

Wie viele Tafeln Blech müssen zerschnitten werden?

11 Wegen leichtsinnigen Handelns ist eine Maschine beschädigt worden. Vier Arbeitskollegen müssen sich den Schaden teilen.

Wie viel € muss jeder bezahlen, wenn der Schaden 21 404,00 € beträgt?

12 Für eine Schulklasse müssen das Land und der Kreis 42 209,00 € im Schuljahr ausgeben.

Wie viel € kostet ein Schulplatz, wenn in einer Klasse 16 Schüler sind?

13 Berechnen Sie, wie viel € jeweils 1 kg kostet.

Beispiel: 2,5 kg kosten 32,40 €.
Rechnung: 32,40 € : 2,5 kg = 12,96 €/kg.

a) 4,56 kg kosten 9,12 €.
b) 12,34 kg kosten 30,85 €.
c) 43,575 kg kosten 871,50 €.
d) 35,4 kg kosten 141,60 €.
e) 12,5 kg kosten 60,00 €.
f) 250 g kosten 3,25 €.

Wir runden auf oder ab

Beachten Sie dabei:
Ist die **dritte** Ziffer hinter dem Komma 4, 3, 2, 1 oder 0, so wird nach der zweiten Stelle hinter dem Komma abgeschnitten.

Beispiel: 12,7647 wird gerundet zu 12,76.

Ist die **dritte** Ziffer hinter dem Komma 5, 6, 7, 8 oder 9, so wird die zweite Stelle hinter dem Komma um 1 erhöht und der Rest abgeschnitten.

Beispiele:
① 45,6553 wird gerundet zu 45,66. (+1)
② 3,496 wird gerundet zu 3,50.

Ab 5 aufrunden, unter 5 abrunden.

Berechnen Sie, wie viel Euro 1 kg kostet.

Beispiel: 2,5 kg kosten 3,24 €.
Rechnung: [3] [.] [2] [4] [÷] [2] [.] [5] [=] 1.296
Antwort: 1 kg kostet 1,30 €.

14 Runden Sie bei dieser Aufgabe auf Cent genau!
Wie viel € kostet jeweils 1 kg?

a) 0,058 kg kosten 3,40 €.
b) 6,560 kg kosten 9,17 €.
c) 24,550 kg kosten 1 911,00 €.
d) 49,486 kg kosten 2 721,40 €.
e) 123,656 kg kosten 12 356,60 €.
f) 125 g kosten 4,99 €.

15 Berechnen Sie immer den Preis pro Liter.

a) 10 l kosten 8,97 €.
b) 10 l kosten 9,37 €.
c) 100 l kosten 75,46 €.
d) 1000 l kosten 239,87 €.
e) 10 l kosten 5,22 €.
f) 100 l kosten 455,06 €.
g) 1 000 l kosten 240,00 €.
h) 10 000 l kosten 1678,76 €.
i) 100 ml kosten 45,06 €.
j) 10 000 l kosten 465,08 €.

16 In Flachstahl, 225 mm lang, sollen 4 Löcher gleichmäßig verteilt (siehe Skizze) gebohrt werden.

Wie groß muss der Lochabstand gewählt werden?

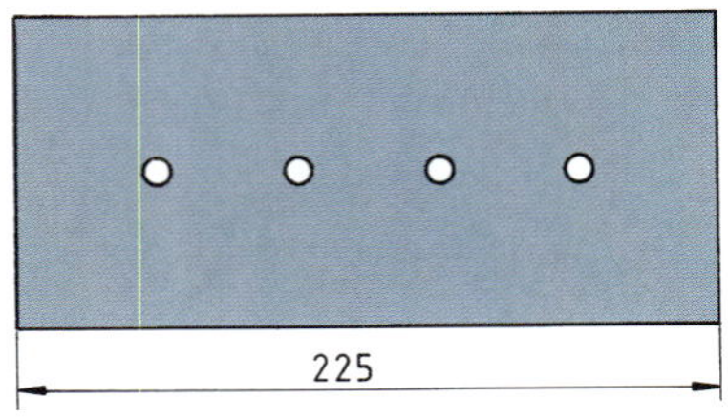

17 Übertragen Sie die Tabelle auf ein Blatt und füllen Sie die Lücken aus.

Einzelpreis	10 Stück	100 Stück	1000 Stück	10 000 Stück
345,78 €	?	?	?	?
?	?	?	?	3456,90 €
?	4,56 €	?	?	?
?	?	69,06 €	?	?
?	?	?	698,40 €	?
1000,08 €	?	?	?	?
?	45,02 €	?	?	?

18

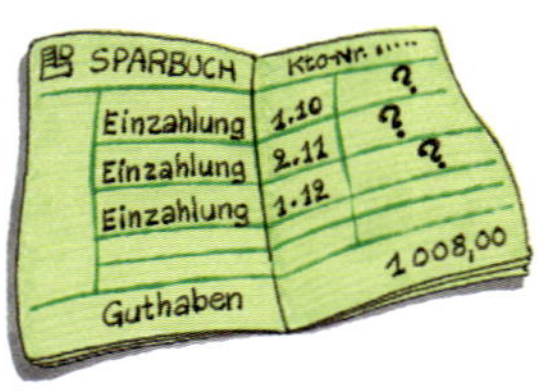

Ein Auszubildender hat jeden Monat das gesparte Geld auf sein Sparkassenbuch eingezahlt. Nach einem Jahr hat sich ohne Zinsen ein Betrag von 1008,00 € angesammelt.

Wie viel € hat er im Durchschnitt jeden Monat eingezahlt?

19 Ein Jungarbeiter verdient monatlich 1232,00 € netto.

Berechnen Sie seinen Wochenlohn (4 Wochen), den Tageslohn (22 Arbeitstage) und den Stundenlohn (176 Stunden).

20 In einer Zementfabrik müssen 4736 Sack Zement abgefahren werden. Ein Lastwagen kann 148 Säcke laden.

Wie oft muss der LKW fahren?

21 Ein Maurer erhält auf seiner Baustelle 30 Sack Zement. Ein Sack wiegt 25 kg. Zum Putzen einer Mauer benötigt der Maurer für jeden m^2 7,5 kg.

Wie viel m^2 kann er mit dem vorhandenen Zement putzen?

22

Aus Brettern (alle 384 mm breit) sollen Leisten von a) 21 mm, b) 10 mm, c) 45 mm, d) 93 mm Breite geschnitten werden.
Berücksichtigen Sie jeweils 3 mm Schnittfuge [bei a) also 21 mm + 3 mm = 24 mm].

Wie viele Leisten kann der Schreiner in den einzelnen Fällen aus einem Brett herstellen?

23 Aus Flacheisen 8x30 der Längen a) 6000 mm, b) 3250 mm, c) 4500 mm, d) 5800 mm sollen Stücke von 124 mm Länge gesägt werden. Berücksichtigen Sie jeweils 1 mm Schnittfuge.

Wie viele Stücke Flacheisen erhält man jeweils?

Weitere Aufgaben zur Division siehe Kapitel 5.

5. Rechnen in Beruf und Alltag

1 Lesen Sie an den Thermometern ab:

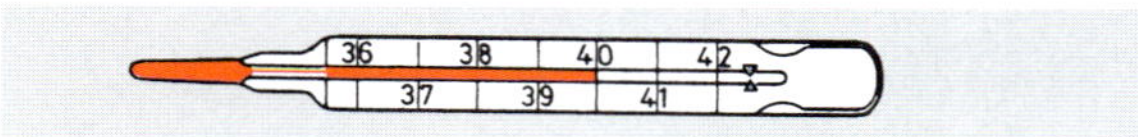

a) die Körpertemperatur

b) die Raumtemperatur

2 Welchen Druck haben folgende Sauerstoff-Flaschen?

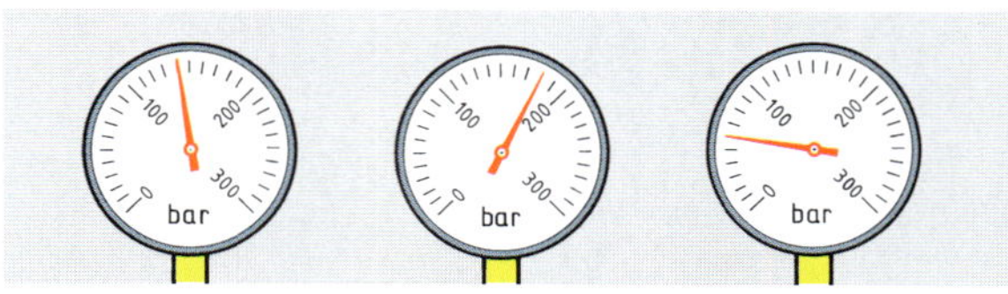

Um wie viel bar hat der Druck jeweils abgenommen, wenn die gefüllte Flasche jeweils einen Druck von 200 bar hatte?

3

Ein Sägewerk hat eine Trockenkammer für Holz. Lesen Sie am Feuchtigkeitsmesser ab, wie viel % Feuchtigkeit das eingelagerte Holz hat.

Um wie viel % (Prozentpunkte) muss das Holz noch ausgetrocknet werden, wenn 11 % Feuchtigkeit erreicht werden müssen?

4 Ein Bücherbrett kann mit höchstens 30 kg belastet werden. Herbert stellt folgende Bücher auf: 1 Buch mit 1230 g; 1 Buch mit 410 g; 1 Buch mit $1\frac{3}{4}$ kg; 6 Bücher mit je 1,5 kg; 8 Bücher mit je 120 g; 1 Atlas mit 3 kg und 250 g; 1 Lexikon (5 Bände), jeder Band wiegt 1600 g.

Kann das Brett das gesamte Gewicht aushalten?

5 Sie kaufen für Ihre Firma Draht ein. Ein Meter kostet 0,76 €. Sie holen zunächst 25 m. Es reicht jedoch nicht; Sie holen noch 18 m. Und beim nächsten Mal holen Sie sogar 49 m. Der Chef erhält später die Rechnung. Die Lieferfirma gibt 3,62 € Nachlass.

Wie hoch ist der Barzahlungspreis?

6

Der Ladekorb eines Kranes wird beladen: 250 kg Zement, 3 Eimer Bitumenmasse zu je 6 kg, PVC-Rohr 750 g, Styroporplatten 10 Stück zu je 125 g und 20 Glasbausteine zu je 1,250 kg.

Berechnen Sie das Gewicht der gesamten Ladung.

7

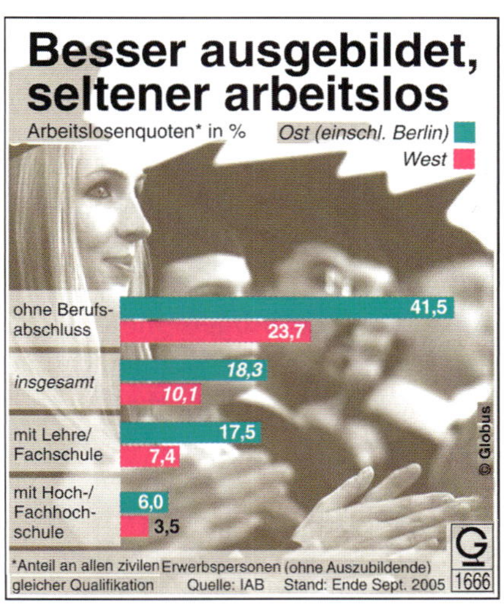

a) Wie hoch waren die Arbeitslosenquoten in Ostdeutschland und in Westdeutschland im Jahr 2005 jeweils insgesamt?
b) Wie hoch waren die Arbeitslosenquoten von Erwerbspersonen ohne Berufsabschluss im Jahr 2005 in Ostdeutschland und in Westdeutschland?
c) Um wie viel Prozentpunkte lagen jeweils in Ost- und in Westdeutschland die Arbeitslosenquoten von Erwerbspersonen ohne Berufsabschluss über den Arbeitslosenquoten insgesamt?

8 Sie müssen auch Zahlen in Buchstaben schreiben können!

Beispiel: EURO 897,51 achthundertsiebenundneunzig

(Cent werden nicht in Buchstaben geschrieben.)

Schreiben Sie die Geldwerte jeweils in Zahlen und in Buchstaben auf ein Blatt.

9 Kontrollieren Sie den folgenden Kontoauszug! Berechnen Sie für jeden Tag die Zwischensummen.

Beispiel für 02.10.: 2.765,91 → Saldovortrag (Kontostand vor Buchung)
− 77,86 → Lastschrift
?

Kontoauszug Sparkasse, Bankleitzahl (BLZ) 200 505 50

Kontonummer	Kontobezeichnung	Vortrag vom	Auszug Nr.
2511/110128	Klaus und Helga Kunde	01.10.2007	43
	Saldovortrag/Übertrag EURO *)		2.765,91

Buchungstag	Wertstellung	Erläuterungen	Belastungen/Gutschriften EUR *)	
0210	0210	Überweisungsauftrag Klensang R253/043/00	77,86-	Lastschrift
0310	0310	Geldautomat 125 am 02.10 um 18,37 Uhr	400,00-	Lastschrift
0410	0410	Rundfunkanst. BLZ 25050000 KT.1013444000	31,20-	Lastschrift
0910	0810	Gehaltrestzahlung Sept.01 Consulting AG	630,68	Gutschrift
0910	0910	PLAN INTERNATIONAL KT.105010204	41,99-	Lastschrift

Klaus und Helga Kunde
Beethovenstraße 22
54332 Nirgendwo

Auszug vom 12.10.2007 — Saldo in EURO

Neuer Saldo EURO *) 2.929,52

Bitte Einwendungsfristen und Hinweise auf der Rückseite beachten.

*) Belastungen und Schuldsalden werden mit "-" gekennzeichnet. Kapitalerträge sind einkommensteuerpflichtig.

10 Die Hauswirtschafterin Anne und der Hauswirtschafter Axel arbeiten in einer Woche folgende Stunden:

Tage	Anne	Axel
Montag	6,50 Stunden	7,50 Stunden
Dienstag	4,25 Stunden	8,00 Stunden
Mittwoch	9,00 Stunden	7,75 Stunden
Donnerstag	8,00 Stunden	8,00 Stunden
Freitag	7,50 Stunden	7,50 Stunden

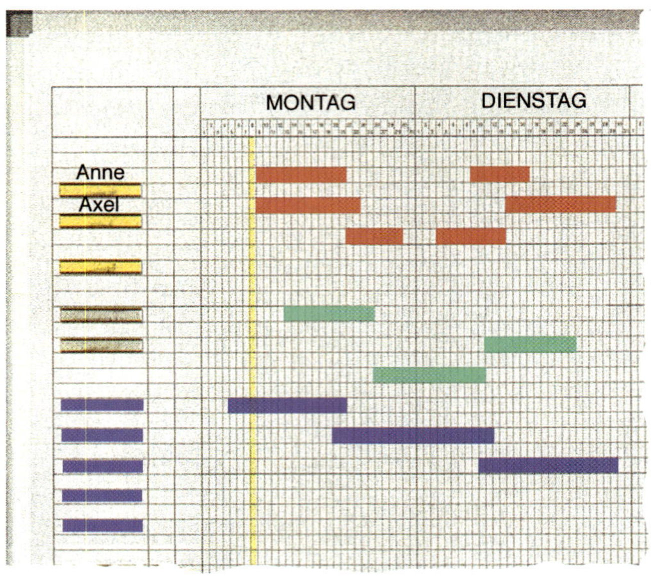

Sie arbeiten aus betrieblichen Gründen manchmal mehr, als es die Regelarbeitszeit vorsieht.

Berechnen Sie, wer von beiden mehr Stunden in der Woche gearbeitet hat.

11

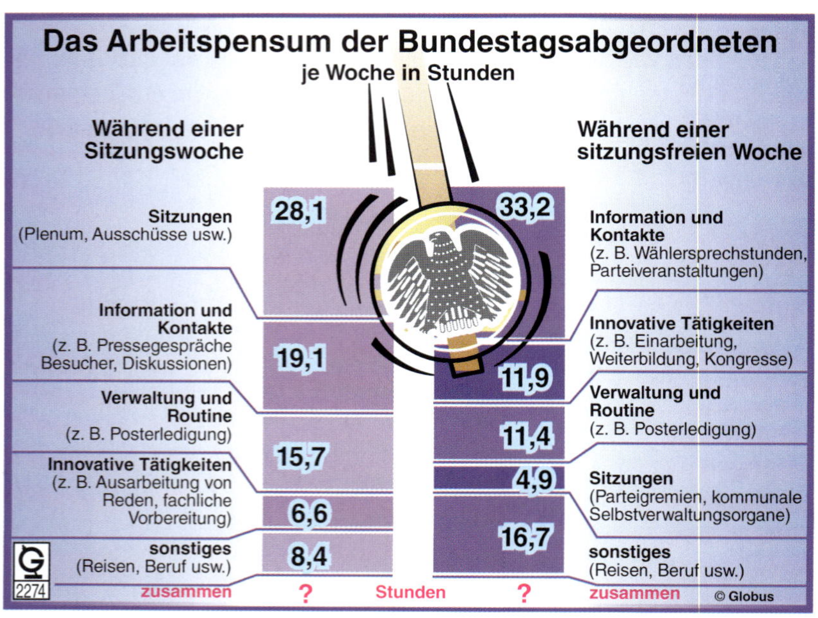

Bei Bundestagsdebatten sind häufig viele Abgeordnetensitze leer. Manche Bundesbürger glauben, die Abgeordneten hätten ein schönes Leben.

Berechnen Sie das Arbeitspensum eines Abgeordneten
a) während einer Sitzungswoche,
b) während einer sitzungsfreien Woche.

12 Im Stadion waren am Samstag 7 695 Zuschauer anwesend. Jeder Zuschauer zahlte 12,75 € Eintrittsgeld. Der Kassierer erhielt für seine Arbeit 75,00 €.

Welchen Betrag konnte der Verein einnehmen?

13

Betriebskosten

Betriebskosten sind Kosten, die dem Eigentümer für ein Gebäude laufend entstehen.

Hierzu gehören u. a. folgende Kosten:
1. Öffentliche Abgaben und Steuern
2. Wasserversorgung
3. Reinigung und Wartung der Heizungsanlage
4. Straßenreinigung und Müllbeseitigung
5. Gebäudereinigung und Ungezieferbeseitigung
6. Gartenpflege
7. Beleuchtung
8. Schornsteinreinigung
9. Sach- und Haftpflichtversicherung
10. der Betrieb von Einrichtungen für die Wäschepflege

Der Mieter eines Reihenhauses hat gemäß Mietvertrag u. a. die nebenstehenden Betriebskosten zu tragen.

Überprüfen Sie die Betriebskostenabrechnung.

a) Hat der Mieter die Kosten der Abrechnung tatsächlich alle zu übernehmen?

Fertigen Sie eine Tabelle.

Kosten der Abrechnung	Ziffer der Betriebskosten
(1) 75,32 €	9

b) Berichtigen Sie die Abrechnung.

c) Berechnen Sie, ob eine Nachzahlung erfolgen muss.

Jahresabrechnung der Betriebskosten
(Aufstellung der Betriebskosten gem. Mietvertrag)
Zeit: 01.01.... bis 31.12....
Mietobjekt: Haller Str. 204, 71543 Knackstedt

(1) Haus- und Grundbesitzerhaftpflicht	75,32 €
(2) Reparatur der Haustür	180,44 €
(3) Wohngebäudeversicherung	230,34 €
(4) Grundsteuern	382,56 €
(5) Schornsteinfeger	57,76 €
(6) Terrassenplatten neu verlegen	475,00 €
(7) Wartungskosten Heizung	124,95 €
	1526,37 €
Betriebskostenpauschale	
65,00 EUR x 3 Monate	
70,00 EUR x 9 Monate	
gezahlt	**825,00 €**
zu zahlen	701,37 €

14 Aus einer Stromrechnung geht hervor, dass 915 kWh verbraucht wurden. Der Preis für eine kWh beträgt 12 Cent. Es wird ein Grundpreis von 30,60 € pro Jahr erhoben.

Wie viel muss der Kunde ohne Ausgleichsabgabe und ohne Umsatzsteuer an das Elektrizitätswerk zahlen?

15 Tischlermeister Schmitz muss für seine Arbeiter den Lohn berechnen.

Wie hoch ist der Gesamtbetrag der Löhne?

	Anzahl der Stunden	Std.-Lohn	Betrag
Vorarbeiter Meier	178	10,03 €	?
Tischler Schulze	167	9,25 €	?
Tischler Tellmann	166	9,12 €	?
Tischler Silber	187	8,76 €	?
Hilfsarbeiter Zapp	156	5,50 €	?
Auszubildender Frei	Ausbildungsvergütung	–	620,00 €
Auszubildender Mutig	Ausbildungsvergütung	–	560,00 €

16 Für unsere Schulwerkstatt wurden folgende Anschaffungen gemacht:
25 Bankhämmer (Einzelpreis: 7,50 €),
18 Kombizangen (Einzelpreis: 15,80 €),
24 Stemmeisen (Einzelpreis: 7,30 €),
13 Schraubzwingen (Einzelpreis: 6,55 €) und
6 Handbohrmaschinen (Einzelpreis: 75,50 €).
Bewilligt wurden zunächst 6 000,00 €. Es soll jetzt noch eine Säulenbohrmaschine zum Preis von 4 475,00 € beschafft werden.

Welchen Betrag muss die Schule noch anfordern?

17 Die Kunden lesen häufig die Zählerstände selbst ab.

Bitte tragen Sie bei den Zählerständen **alle** Stellen vor dem Komma ein, also auch **alle** Vornullen.

		Ablesedatum	18.05.2006
	Zähler-Nr.:	**Letzter Ablesestand**	**Ihr neuer Ablesestand**
	09835270/**Strom**	0000010,0	x x 0 0 0 0 2 8 , x
	03653235/**Wasser**	09000,0	x x x 0 9 9 4 4 , x
	09196782/**Gas**	31000,0	x x x 3 1 9 2 1 , x

a) Fertigen Sie eine Tabelle an und tragen Sie die Zählerstände richtig ein.
b) Berechnen Sie den Verbrauch im jeweiligen Zeitraum.

Ablesetag	**18.05.2006**	**20.05.2007**	**25.05.2008**
Strom	000028	000256	000530
Wasser	09944	12001	14611
Gas	31921	34503	39004

18 In einer Firma sind 18 Dieselmotoren. Wenn alle Motoren laufen, verbrauchen sie an einem Tag zusammen 810 Liter Dieselkraftstoff.
Wie viel Liter Diesel sind pro Woche nötig, wenn 6 Motoren an 3 Tagen, 5 Motoren an 5 Tagen, 2 Motoren an 6 Tagen und die restlichen jeweils an einem Tag arbeiten?

19 Karl Huber hat am Montagmorgen sein Moped voll getankt. Der Kilometerzähler zeigt 4 873,2 km an. Am Freitagabend derselben Woche tankt Karl wieder randvoll (4,7 l). Der Kilometerzähler zeigt jetzt 5 027,8 km an. Während der Woche ist Karl mit seinem Moped nur zur Arbeit gefahren.
a) Wie viel l verbrauchte sein Moped auf 1 km?
b) Wie viel l verbrauchte es auf 100 km?
c) Wie teuer ist für Karl der Arbeitsweg in einer Woche, wenn 1 l Benzin 1,419 € kostet?

20 Für einen CD-Ständer benötigt Markus folgende Eisenteile:
16 Holzschrauben, 45 mm lang, zum Einzelpreis von 0,35 €,
10 Drahtstifte zum Einzelpreis von 0,05 €.
Er zahlt mit 100 €. Wie viel € bekommt er zurück?

21 In einer Tischlerei werden folgende elektrische Maschinen betrieben:

Maschine	**Leistungsaufnahme**	**tägl. Betriebsdauer**
Kreissäge	4,0 kW	3 h
Dickenhobel	3,0 kW	2 h
Bandsäge	1,5 kW	4 h
Bandschleifmaschine	4,0 kW	30 min
Fräse	2,5 kW	2,5 h
Handbohrmaschine	380 W	15 min
Handkreissäge	950 W	15 min

a) Berechnen Sie für jede Maschine die Stromkosten pro Stunde.
1 kWh kostet 15,26 Cent (Industrietarif).
b) Wie hoch sind die Stromkosten für alle Maschinen zusammen an einem Tag (**kein** Grundpreis)?

22 Zwischen zwei Abzweigdosen sind 10 m Leitung zu verlegen. Der Schellenabstand soll ≈ 30 cm, der Abstand der Endschellen von den Abzweigdosen 15 cm betragen.

a) Fertigen Sie eine Skizze an.
b) Wie viel Schellen sind zu setzen?
c) Wie groß ist der tatsächliche Abstand zu wählen?

23 Für das Fach „Textiles Gestalten“ wurden folgende Anschaffungen gemacht:
25 Scheren (Einzelpreis: 7,80 €), 6 Zuschneidescheren (Einzelpreis: 9,25 €), 13 Kopierrädchen (Einzelpreis: 1,45 €), 28 Bandmaße (Einzelpreis: 1,99 €) und 18 Nahttrenner (Einzelpreis: 1,75 €). Bewilligt wurden zunächst 800,00 €. Es sollen noch 4 Nähmaschinen (Einzelpreis: 205,00 €) beschafft werden.

Welchen Betrag muss die Schule noch anfordern?

24

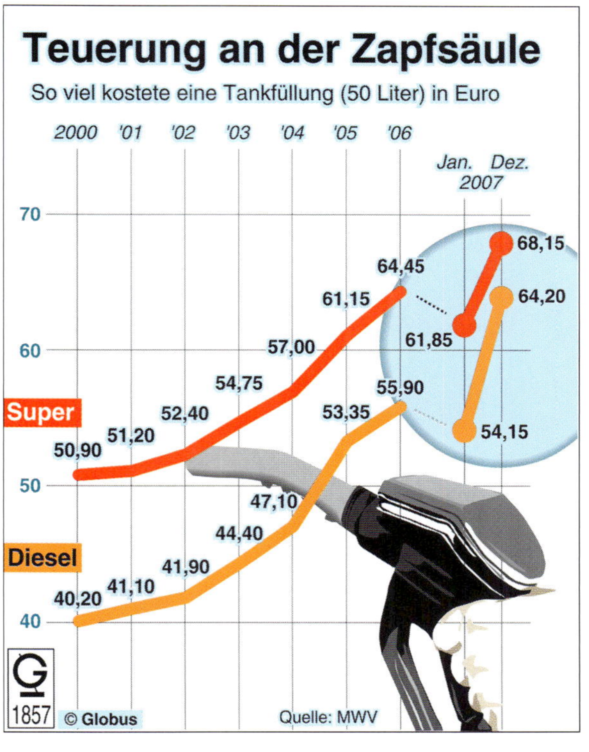

a) Wie viel € musste für eine Tankfüllung Superbenzin (50 l) im Dezember 2007 mehr bezahlt werden als im Jahr 2000?

b) Wie viel € musste für eine Tankfüllung Diesel (50 l) im Dezember 2007 mehr gezahlt werden als im Jahr 2000?

c) Familie Meier musste sowohl im Jahr 2000 als auch im Jahr 2006 ihr Auto (Superbenzin) fünfundzwanzigmal volltanken. Wie viel € musste Familie Meier im Jahr 2006 mehr für Benzin ausgeben als im Jahr 2000?

25

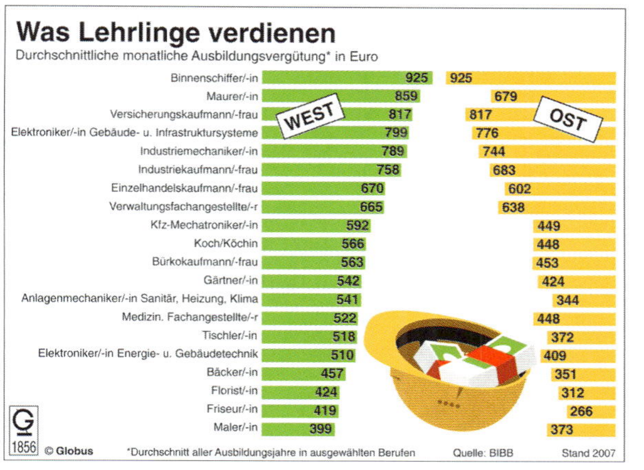

a) Was verdient in Westdeutschland ein Auszubildender als Koch in einem Jahr?

b) Was verdient in Ostdeutschland ein Auszubildender als Gärtner in einem Jahr?

c) Wie groß ist der Unterschied in der Jahresvergütung eines Auszubildenden als Tischler zwischen West- und Ostdeutschland?

26 Der Kostenbeitrag eines Schülers für unsere Klassenfahrt muss berechnet werden.

a) Im Vorjahr wurden folgende Beträge ausgegeben:

Jugendherberge	422,80 €
Bahnfahrt	185,00 €
Besichtigungen	150,00 €

Es nahmen 13 Schüler an der Fahrt teil.
Berechnen Sie den Anteil für einen Schüler.

b) Die Fahrtkosten erhöhen sich pro Schüler um 2,50 € und die Kosten in der Jugendherberge um 1,05 € täglich. Wir wollen fünf Tage in der Jugendherberge bleiben.
Welchen Kostenbeitrag muss jeder aufbringen?

c) Wie viel Geld ist in der Klassenkasse, wenn von 16 teilnehmenden Schülern das Geld eingesammelt wurde?

27 Aus einer Stromrechnung geht hervor, dass 1737 kWh in einem Jahr verbraucht wurden.
Der Preis für eine kWh beträgt 12 Cent. Es wird ein Grundpreis von 95,00 € erhoben.

Wie viel € muss der Kunde in diesem Jahr ohne Ausgleichsabgabe und Umsatzsteuer an das Elektrizitätswerk zahlen?

6. Wir schätzen und rechnen mit Gewichten

1 Nennen Sie jeweils mindestens zwei Dinge, deren Gewichte in g, in kg oder in t angegeben werden.

2 Bis zu wie viel g darf ein Standardbrief wiegen? Was kostet ein Standardbrief an Porto?

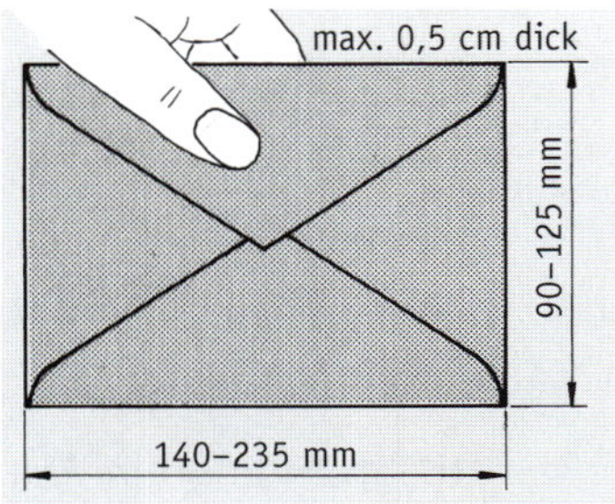

Informieren Sie sich über andere Postgebühren, z. B. für Päckchen und Pakete.

3 Fertigen Sie eine Tabelle an, in die Sie eintragen: die von Ihnen geschätzten Gewichte eines Feuerzeugs, einer 2-EURO-Münze, eines TR, Ihres Rechenbuches, einer leeren Limonadenflasche, eines Sacks Zement, eines Mopeds, eines PKW.

Überprüfen Sie, soweit möglich, Ihre Schätzungen.

4

Wie viel kg wiegen Sie selbst?
Welches Gewicht (Hantel) können Sie heben?

5

In einen kleinen PKW wollen 4 Personen mit folgenden Gewichten einsteigen:
77 kg; 81,5 kg; 91 kg; 80,5 kg.
Das Leergewicht des PKW beträgt 745 kg.

Ist das zulässige Gesamtgewicht von 1075 kg überschritten?
Darf noch Gepäck eingeladen werden?

g: Gramm
kg: Kilogramm
t: Tonne

1 kg = 1000 g; 1 t = 1000 kg

1 kg ist die Masse (das Gewicht) von
1 l Wasser (bei einer Wassertemperatur von 4 °C).

6 Wandeln Sie von kg in g um:

Beispiel: 5,5 kg = 5500 g

a) 5 kg
b) 0,6 kg
c) 0,07 kg
d) 0,008 kg
e) 1,3 kg
f) 170,5 kg
g) 17,78 kg
h) 26,789 kg
i) 12,3456 kg
j) 980 kg

7 Wandeln Sie von t in kg um:

Beispiel: 6,3 t = 6300 kg

a) 6 t
b) 1,3 t
c) 2,46 t
d) 3,698 t
e) 0,613 t
f) 101,23 t

8 Wandeln Sie von g in kg um:

Beispiel: 43 g = 0,043 kg

a) 1234 g
b) 468 g
c) 47 g
d) 1 g
e) 341,5 g
f) 10 780 g

9 Wandeln Sie von kg in t um:

Beispiel: 256 kg = 0,256 t

a) 87 kg
b) 590 kg
c) 3456 kg
d) 7,8 kg

10 Sie gehen für Ihre Arbeitskollegen und sich selbst einkaufen:

500 g Wurst, $2\frac{1}{2}$ kg Äpfel, 125 g Käse, $\frac{1}{2}$ kg Leberkäse, ein Brot zu $1\frac{1}{2}$ kg, 1,750 kg Erdbeeren.

Wie viel kg müssen Sie tragen?

Schätzen Sie, bevor Sie genau rechnen.

7. Wir schätzen und rechnen mit Zeiten

1 Nennen Sie Beispiele aus dem Alltag, bei denen Zeitangaben in s (Sekunden), min (Minuten), h (Stunden), d (Tagen), Wochen, Monaten, Jahren erfolgen.

s	Sekunden
min	Minuten
h	Stunden
d	Tage

2 In welcher Zeit laufen Sie 100 m?
Wie lange brauchen Sie für einen 1000-m-Lauf?

3

Schätzen Sie, wie viel Zeit ein guter Marathonläufer für diese Strecke (etwa 42 km) benötigt.

4 Sie fahren 15 km mit einem Moped auf der Landstraße.
Wie lange fahren Sie etwa?

1 min = 60 s
1 h = 60 min = 3600 s
1 d = 24 h = 24 · 60 min

5 Wie viele min hat ein Tag (1 d)?
Wie viele s hat 1 d?

6 Wie viele Tage haben die einzelnen Monate des Jahres?
Fertigen Sie eine Tabelle an.
Hat jedes Jahr 365 Tage?

7 Können Sie mit Ihrem TR ausrechnen, wie alt Sie in s sind?
Vereinfachung: Rechnen Sie nur die ganzen Jahre und pro Jahr 365 Tage.

8 Ein 800-m-Läufer ist eine Zeit von 1:52,56 gelaufen.
Was bedeuten die einzelnen Angaben (1; 52; 56)?

9 Wie viele min sind?

a) $2\frac{1}{2}$ h c) 0,4 h e) $3\frac{1}{4}$ h g) $3\frac{1}{2}$ d

b) 3,5 h d) $1\frac{3}{4}$ h f) $4\frac{1}{2}$ h h) 30 s

10 Wie viele s sind?

a) $4\frac{1}{2}$ min c) $8\frac{1}{4}$ min e) $3\frac{2}{3}$ h

b) 16,4 min d) $2\frac{3}{4}$ min f) 0,2 h

11 Wie viele min und s sind?

a) 70 s c) 200 s e) 60,5 s
b) 134 s d) 112 s f) 121 s

12 Wie viele h und min sind?

a) 120 min e) 113 min i) 120,5 min
b) 97 min f) 189 min j) 35 min
c) 210 min g) 90 min k) 4200 s
d) 61,5 min h) 240 min l) 4230 s

13 Sie sind mit einem Moped um 8.45 Uhr in Ihrem Wohnort abgefahren und waren um 9.33 Uhr in der nächsten Stadt.
Wie viele Minuten haben Sie gebraucht?

14 Herr Schmitz ist um 10.20 Uhr in Köln abgefahren. Nach 1 h 52 min war er in Frankfurt.
Um wie viel Uhr ist er angekommen?

15 Sie arbeiten für einen Kunden am Montag 7 h 45 min, am Dienstag 7 h 30 min, am Mittwoch 8 h, am Donnerstag 7 h 20 min und am Freitag 6 h 15 min.
Wie viele Stunden kann der Betrieb dem Kunden in Rechnung stellen?

16 Meister Meier rechnet die Verspätungen seiner Mitarbeiter in der letzten Woche zusammen: Tischler Schulze Montag 6 min, Freitag 56 min; Tischler Tellmann Dienstag 18 min, Donnerstag 1 h 12 min; Hilfsarbeiter Zapp Montag 36 min, Donnerstag 46 min; Auszubildender Frei Mittwoch 8 min; Auszubildender Mutig Montag 5 min.

a) Berechnen Sie die Verspätungen aller Mitarbeiter insgesamt in dieser Woche.
b) Jede Stunde Verspätung kostet den Betrieb 22,00 €.
Wie hoch sind die Kosten durch die Verspätungen?

17 In einer Firma gilt von Montag bis Freitag folgende Arbeitszeitregelung: Beginn: 6.45 Uhr, Pausen: 9.00 – 9.15 Uhr und 12.00 – 12.30 Uhr; Ende: 16.00 Uhr (ausgenommen Freitag).

a) Wie viele Stunden werden von Montag bis Donnerstag täglich gearbeitet?
b) Wann ist bei einer Wochenarbeitszeit von 39 h am Freitag Feierabend?

8. Wir schätzen und rechnen mit Längenmaßen

Längenmaß	Abkürzung
Millimeter	mm
Zentimeter	cm
Dezimeter	dm
Meter	m
Kilometer	km

1 cm = 10 mm
1 dm = 10 cm
1 m = 10 dm
1 km = 1000 m

1 Nennen Sie jeweils zwei Beispiele für Längen, die in mm, cm, dm, m oder km angegeben werden.

2 Schätzen Sie die Längen von Gegenständen im Klassenraum oder in der Küche. Überprüfen Sie Ihre Schätzungen durch Nachmessen.

3 a) Schätzen Sie jeweils: die Länge eines Feuerzeugs, eines Kulis, eines TR; die Höhe eines Zimmers; die Weltrekorde im Hochsprung und Stabhochsprung (für Frauen und Männer); die Breite eines Autos, einer Landstraße; die Länge eines Fußballfeldes; die Länge einer Runde im Stadion.

b) Schätzen Sie mithilfe der nebenstehenden Karte die Entfernungen von Aachen nach Bonn, von Kassel nach Hannover, von Mainz nach Münster, von Hamburg nach Leipzig, von Frankfurt/M. nach Erfurt.

c) Schätzen Sie jeweils die Entfernung von Schleswig zum Bodensee und von Aachen nach Cottbus.

d) Schätzen Sie die Entfernung des Mondes von der Erde.

e) Wie viele km würden Sie schätzungsweise zurücklegen, wenn Sie am Äquator um die Erde fliegen würden?

4 a) Messen Sie Einschraublänge (L) und -dicke (D) jeder Schraube.

b) Übertragen Sie die Zeichnung der Welle in Ihr Heft. Bemaßen Sie Ihre Zeichnung.

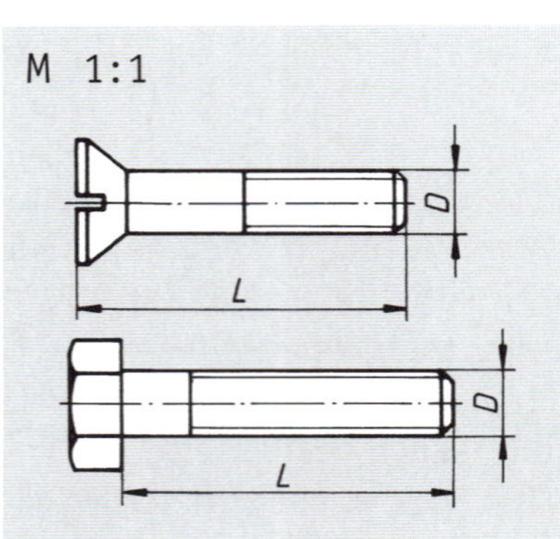

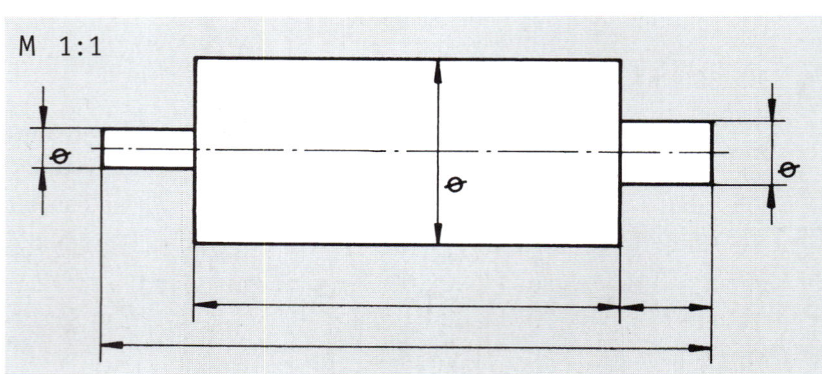

Jeder von uns muss Längenmaße kennen und sie umwandeln können.
Die folgende „Treppe“ kann uns dabei helfen:

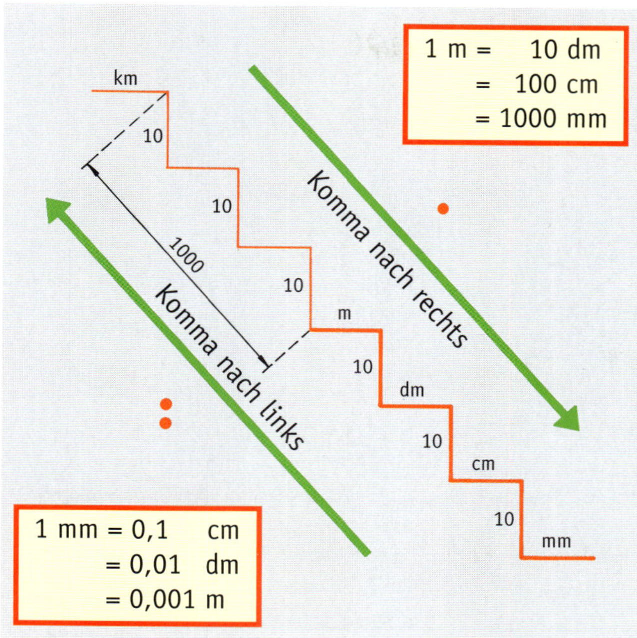

Beispiele zur Benutzung der „Treppe“:

① Umwandlung von 5 340 mm in m:

3 Stufen hoch bedeutet:
Komma um 3 Stellen nach links
(Division der Maßzahl durch $10 \cdot 10 \cdot 10 = 1000$),
also 5340 mm = 5,34 m.

② Umwandlung von 7,48 m in cm:

2 Stufen runter bedeutet:
Komma um 2 Stellen nach rechts
(Multiplikation der Maßzahl mit $10 \cdot 10 = 100$),
also 7,48 m = 748 cm.

5 Wie weit in m ist es bis zur Station, zum Gipfel, zur Hütte?

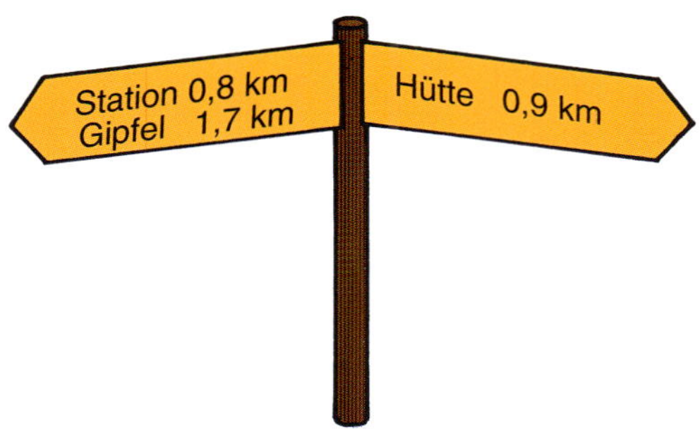

6 Wandeln Sie um. Benutzen Sie dabei die „Treppe“ als Hilfe!

a)	b)	c)	d)
10,6 cm in mm	10,8 cm in dm	906 mm in cm	44 m in cm
12,4 dm in mm	108 cm in m	906 mm in m	98 cm in m
134,5 dm in cm	4,5 cm in dm	21 dm in mm	10 654 mm in m
134,5 m in dm	129 mm in dm	1065 dm in cm	425 mm in cm
22,12 m in cm	129 mm in m	1065 mm in dm	425 cm in mm

7 Ein Schweißer hat an einem Schiff eine Naht von 1200 m zu schweißen.
Für 160 mm benötigt er eine Elektrode.

a) Wie viele Elektroden braucht er für die gesamte Naht?
b) Wie viele Pakete muss er aus dem Lager holen, wenn ein Paket 75 Stück enthält?

8 Von einer 6 m langen Stange Flacheisen schneidet ein Schlosser Stücke mit folgenden Längen ab: 33,4 cm; 2,35 m; 48 cm; 6,5 dm; 99 mm; 45,8 cm; 8 dm; 29 mm; 40 cm und 200 mm. Berücksichtigen Sie für jeden Schnitt 1 mm Fuge.

Wie viel cm Flacheisen bleiben übrig?

9 Zum Bau einer Außentreppe werden 15 Stufen benötigt. Zum Setzen der ersten Stufe hat man für jede der insgesamt 15 Fugen 1,5 cm vorgesehen. Nachdem 4 Stufen gesetzt und 3 Fugen fertig sind, entscheiden die Treppenbauer, jede weitere Fuge nur 1,2 cm hoch zu machen.

Wie groß wird die letzte Fuge zum oberen Weg hin?
Ist diese Fuge im Vergleich zu den ursprünglich vorgesehenen 1,5 cm wesentlich zu groß?

10 Untersetzer mit eingeklebten Keramiksteinen

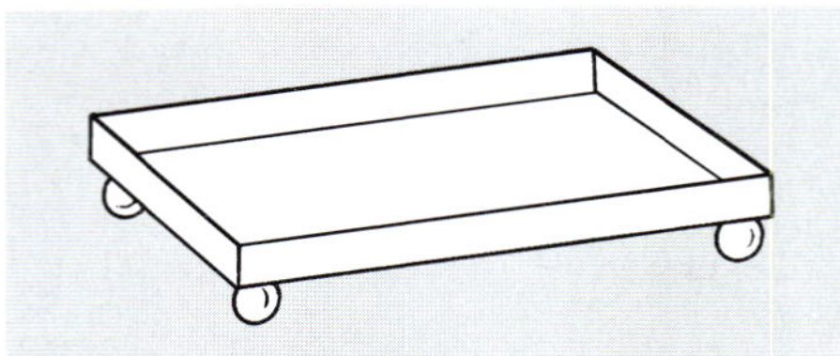

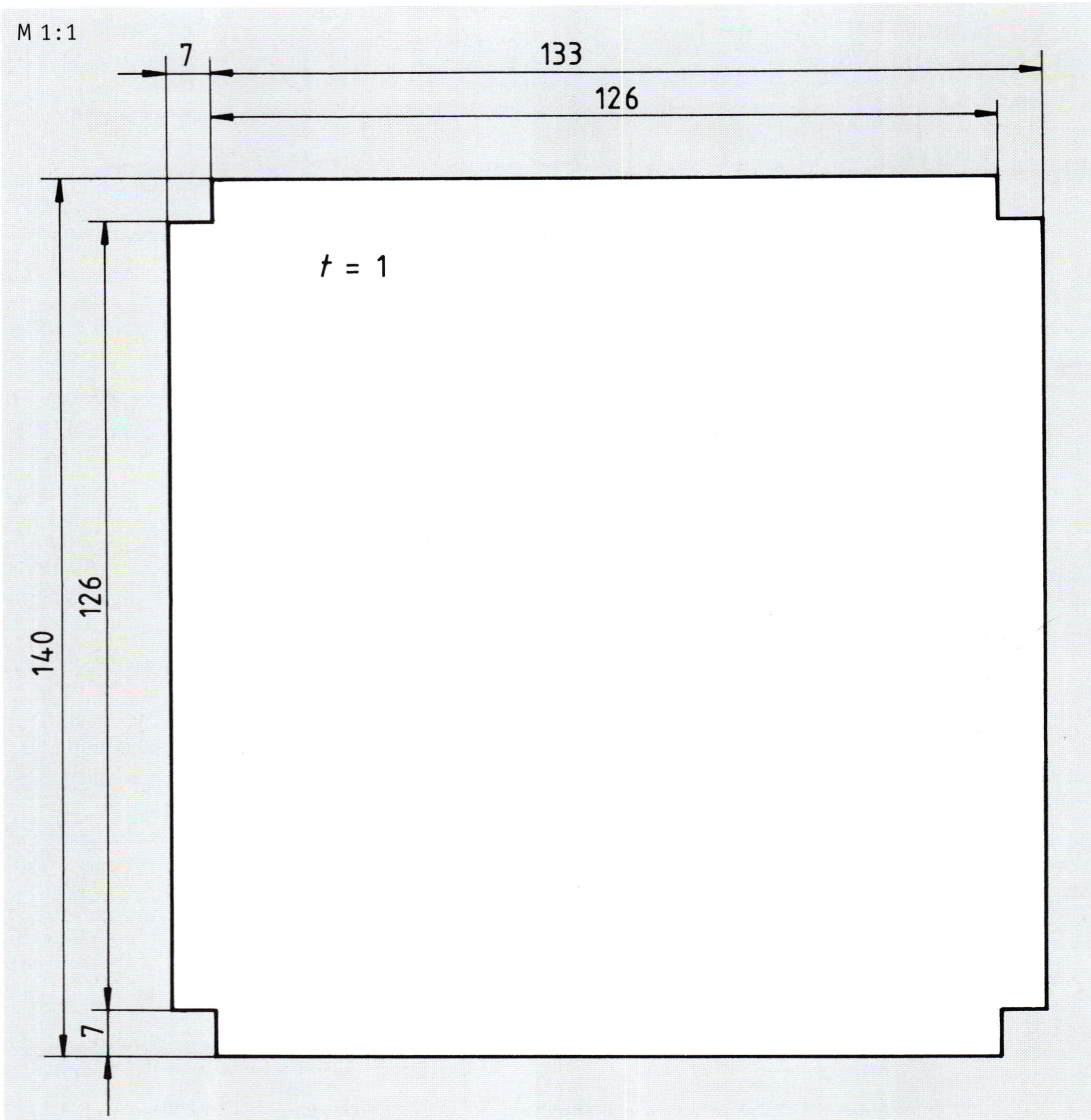

a) Schreiben Sie alle Maße heraus.

b) Wandeln Sie die Längenmaße von mm in cm und in dm um.

11 Vor Ihnen liegt die Zeichnung eines Geräteraumes. Es ist eine Zeichnung für einen Maurer. Sie sollen als Schlosser oder als Schreiner Arbeiten nach dieser Zeichnung verrichten. Deshalb müssen Sie alle Maße umrechnen.

Schreiben Sie alle Maße heraus und wandeln Sie diese in dm, in cm und in mm um.

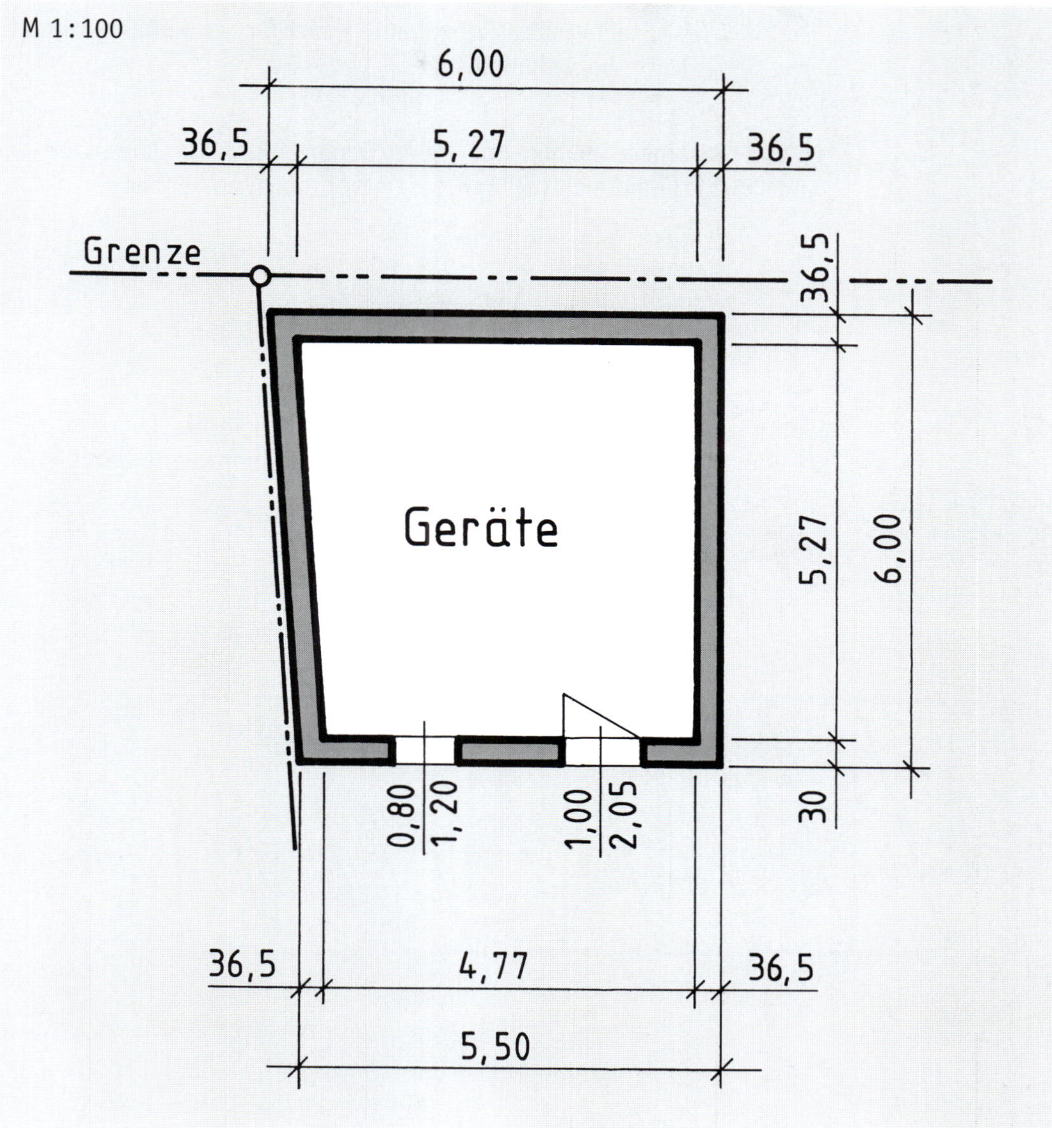

12

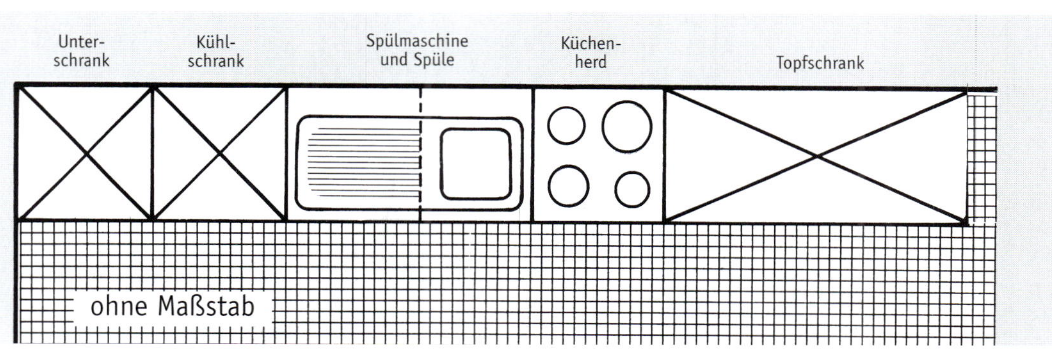

Bei der Anschaffung von Küchenmöbeln muss überlegt werden, ob die Stellfläche für alle Möbel ausreichend ist.

Überprüfen Sie, ob die Küchenlänge von 4,52 m für die gekauften Möbel ausreichend ist. Folgende Breiten sind bekannt: Unterschrank 60 cm, Kühlschrank 60 cm, Spülmaschine mit Spüle 1,10 m, Küchenherd 0,60 m, Schrank für Töpfe 135,5 cm.

Bleibt noch etwas übrig? Wenn ja, wie viel?

13 Ein Elektiker rechnet am Abend das verbrauchte 3-adrige Kabel ab.
Er hat sich folgende verbrauchte Mengen notiert:
6,52 m; 3,08 m; 63 cm; 22 cm; 4,08 m; 1,75 m; 28 cm; 7,05 m; 3,45 m; 77 cm; 89 cm; 10,25 m; 3,36 m; 45 cm; 2,00 m; 68 cm und 3,50 m.

a) Wie viel m Kabel verbrauchte er an diesem Tag?
b) Wie teuer ist das eingebaute Kabel für den Kunden, wenn dieser 1,08 € für einen Meter bezahlen muss?

14 In einem Zimmer mit vielen Ecken sind Fußbodenleisten angebracht worden. Der Auszubildende soll den Gesamtverbrauch ausrechnen.

Er misst folgende Längen aus:
5,68 m; 5,68 m; 3,57 m; 1,25 m; 32 cm; 126 cm und 37 cm.
Da der Kunde den Verschnitt mitbezahlen muss, misst er außerdem noch folgende Abfallstücke:
57 cm; 49 cm; 56 cm und 0,45 m.

a) Berechnen Sie, wie viel m Fußleisten verbraucht wurden.
b) 1 m kostet 2,45 €. Wie viel € muss der Kunde bezahlen?

15 Ein Balkongeländer wird geschweißt.

Ermitteln Sie den Bedarf an Flacheisen für ein Element mit zwei Längsstäben (Länge a) und den eingezeichneten Querstäben (Längen b und c).

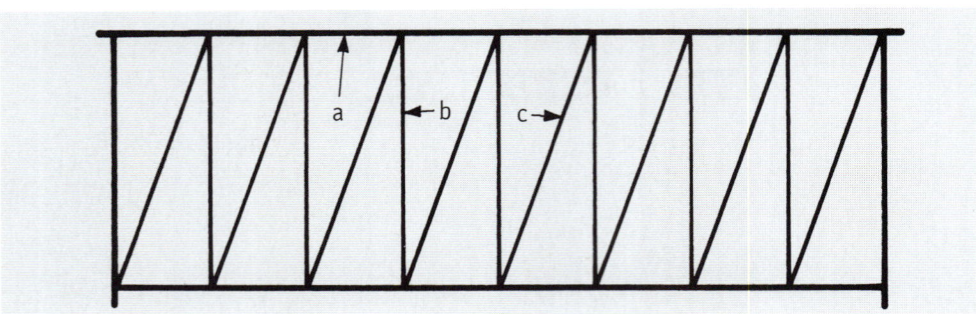

a = 2000 mm
Flacheisen 8 x 30
b = 1000 mm
Flacheisen 6 x 30
c = 1030 mm
Flacheisen 6 x 30

Der Verschnitt beträgt 2 mm zwischen 2 Stäben. Die Ständer werden nicht mit berechnet.

16 Berechnen Sie für den dargestellten Grundriss die fehlenden Maße a, b und c.

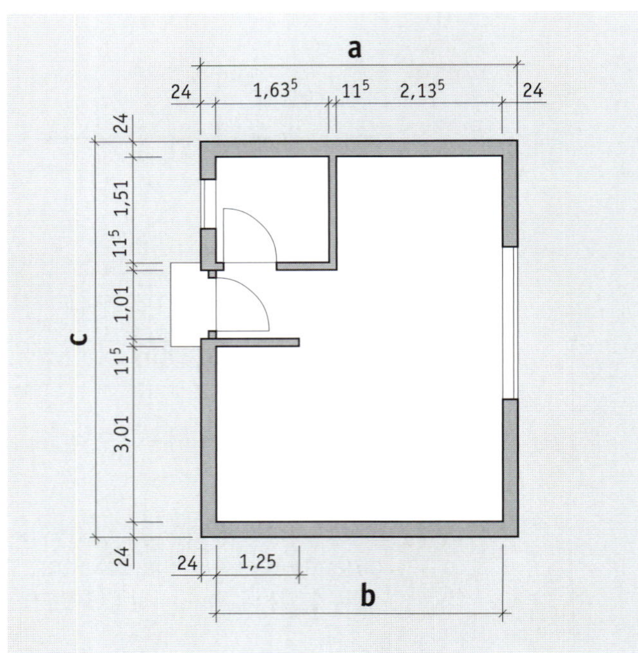

9. Wie berechne ich meinen Lohn?

Bruttolohn

160 · 8,00 € = 1 280,00 €	Die monatlichen Arbeitsstunden werden mit dem Stundenlohn multipliziert.

– Steuern

Lohnsteuer und Solidaritätszuschlag – 68,48 €	Die Lohnsteuer wird aus einer Tabelle abgelesen. Zzt. wird zusätzlich ein Solidaritätszuschlag erhoben.
Kirchensteuer – 5,84 €	Die Kirchensteuer wird auch aus einer Tabelle abgelesen.

– Sozialversicherung

Beiträge an: LVA (über AOK) AOK/Pflegekasse Arbeitsamt (über AOK) – 249,60 €	Versicherungsarten: RV (Rentenvers.) KV (Krankenvers.) AV (Arbeitslosenvers.) PV (Pflegevers.)

= Nettolohn

= 956,08 €	Diesen Lohn erhält man ausbezahlt.

1 Herr Huber hat die Lohnabrechnungen eines Jahres vor sich liegen.

Was hat er in diesem Jahr verdient? Wie hoch waren seine Abzüge?

Name	Monat	Std.	Std.-lohn	Sozialabzüge	Lohnsteuer	Kirchensteuer	Abzüge gesamt	Bruttolohn	Nettolohn
Huber, Karl	März	158	7,57	233,23	50,46	4,31	288,00	1196,06	?

Name	Monat	Std.	Std.-lohn	Sozialabzüge	Lohnsteuer	Kirchensteuer	Abzüge gesamt	Bruttolohn	Nettolohn
Huber, Karl	Mai	161	7,57	237,66	54,33	4,64	296,63	1218,77	?

Name	Monat	Std.	Std.-lohn	Sozialabzüge	Lohnsteuer	Kirchensteuer	Abzüge gesamt	Bruttolohn	Nettolohn
Huber, Karl	Dez.	136	7,63	202,34	18,63	1,59	222,56	1037,68	?

Name	Monat	Std.	Std.-lohn	Sozialabzüge	Lohnsteuer	Kirchensteuer	Abzüge gesamt	Bruttolohn	Nettolohn
Huber, Karl	Sept.	124	7,63	184,49	5,62	0,48	190,59	946,12	?

Name	Monat	Std.	Std.-lohn	Sozialabzüge	Lohnsteuer	Kirchensteuer	Abzüge gesamt	Bruttolohn	Nettolohn
Huber, Karl	Juni	168	7,57	247,99	66,37	5,66	320,02	1271,76	?

Name	Monat	Std.	Std.-lohn	Sozialabzüge	Lohnsteuer	Kirchensteuer	Abzüge gesamt	Bruttolohn	Nettolohn
Huber, Karl	Febr.	135	7,57	199,28	15,56	1,33	216,17	1021,95	?

Name	Monat	Std.	Std.-lohn	Sozialabzüge	Lohnsteuer	Kirchensteuer	Abzüge gesamt	Bruttolohn	Nettolohn
Huber, Karl	Aug.	148	7,57	218,47	33,84	2,89	255,20	1120,36	?

Name	Monat	Std.	Std.-lohn	Sozialabzüge	Lohnsteuer	Kirchensteuer	Abzüge gesamt	Bruttolohn	Nettolohn
Huber, Karl	Nov.	144	7,63	214,25	30,33	2,59	247,17	1098,72	?

Name	Monat	Std.	Std.-lohn	Sozialabzüge	Lohnsteuer	Kirchensteuer	Abzüge gesamt	Bruttolohn	Nettolohn
Huber, Karl	April	139	7,57	205,18	21,89	1,87	228,94	1052,23	?

Name	Monat	Std.	Std.-lohn	Sozialabzüge	Lohnsteuer	Kirchensteuer	Abzüge gesamt	Bruttolohn	Nettolohn
Huber, Karl	Okt.	165	7,63	245,49	64,36	5,49	315,34	1258,95	?

Name	Monat	Std.	Std.-lohn	Sozialabzüge	Lohnsteuer	Kirchensteuer	Abzüge gesamt	Bruttolohn	Nettolohn
Huber, Karl	Juli	152	7,57	224,37	41,05	3,50	268,92	1150,64	?

Name	Monat	Std.	Std.-lohn	Sozialabzüge	Lohnsteuer	Kirchensteuer	Abzüge gesamt	Bruttolohn	Nettolohn
Huber, Karl	Jan.	157	7,57	231,75	48,53	4,14	284,42	1188,49	?

Fertigen Sie sich eine Tabelle nach folgendem Muster an und füllen Sie diese aus.

Monat	Bruttolohn €	Abzüge €	Nettolohn €
Januar	1188,49	284,42	?
Februar	1021,95	216,17	?

2 Karl Huber hat einen Stundenlohn von 7,77 €. Im Monat November hat er an 23 Tagen gearbeitet. Jeder Arbeitstag wird ihm mit 7,5 Std. berechnet.

An Sozialversicherungsbeiträgen zahlt er:

Krankenversicherung	93,15 €;
Rentenversicherung	133,36 €;
Arbeitslosenversicherung	22,11 €;
Pflegeversicherung	26,13 €.

Die Lohnsteuer beträgt 79,58 €, der Solidaritätszuschlag 4,38 € und die Kirchensteuer 7,16 €.

Zeichnen Sie eine Tabelle, tragen Sie alle Angaben ein und berechnen Sie den Brutto- und Nettolohn.

3

Name	Monat	Std.	Std.-Lohn	Sozialabzüge	Lohnsteuer
?	?	?	?	?	?

Kirchensteuer	Abzüge gesamt	Bruttolohn	Nettolohn	Abschlag	Auszuzahlender Betrag
?	?	?	?	?	?

Zeichnen Sie einen Lohnstreifen, wie Sie ihn oben sehen, auf ein Blatt. Tragen Sie Ihre Angaben und Ihren Verdienst ein.

a) Sie haben im Monat Februar 20 Tage (7,5 Stunden täglich) zu einem Stundenlohn von 7,87 € gearbeitet.

Ihre Sozialversicherungsbeiträge und Steuern:
Krankenversicherung 82,04 €
Rentenversicherung 117,45 €
Arbeitslosenversicherung 19,47 €
Pflegeversicherung 23,01 €
Lohnsteuer 44,16 €
Solidaritätszuschlag 2,43 €
Kirchensteuer 3,97 €

b) Sie haben im Monat September 21 Tage (7,5 Stunden täglich) zu einem Stundenlohn von 8,14 € gearbeitet.

Ihre Sozialversicherungsbeiträge und Steuern:
Krankenversicherung 89,10 €
Rentenversicherung 127,56 €
Arbeitslosenversicherung 21,15 €
Pflegeversicherung 24,99 €
Lohnsteuer 64,91 €
Solidaritätszuschlag 3,57 €
Kirchensteuer 5,84 €

Sie haben sich einen Vorschuss von 160,00 € auf Ihren Lohn geholt; tragen Sie den Vorschuss im Lohnstreifen unter Abschlag ein.

4 Zeichnen Sie selbst drei Lohnstreifen, und tragen Sie ein.

Herr Meier Monat: November
Std. 149
Std.-Lohn 8,63 €
Rentenvers. 127,98 €
Krankenvers. 89,36 €
Arbeitslosenvers. 21,21 €
Pflegevers. 25,07 €
Lohnsteuer 66,91 €
Solidaritätszuschlag 3,68 €
Kirchensteuer 6,02 €

Herr Richter Monat: Sept.
Std. 158
Std.-Lohn 9,33 €
Rentenvers. 146,67 €
Krankenvers. 102,45 €
Arbeitslosenvers. 24,32 €
Pflegevers. 28,74 €
Lohnsteuer 117,66 €
Solidaritätszuschlag 6,47 €
Kirchensteuer 10,59 €

Frau Schmidt Monat: Januar
Std. 160
Std.-Lohn 8,54 €
Rentenvers. 135,95 €
Krankenvers. 94,96 €
Arbeitslosenvers. 22,54 €
Pflegevers. 26,64 €
Lohnsteuer 87,08 €
Solidaritätszuschlag 4,79 €
Kirchensteuer 7,84 €

10. Wir rechnen mit Klammern und mit Brüchen

Übungen zum Rechnen mit Klammern

1 a) (840 : 15) : 8

Tastenfolge: [8] [4] [0] [÷] [1] [5] [÷] [8] [=]

(Auch bei einem TR mit Klammertasten [(] [)] brauchen bei dieser Aufgabe keine Klammern gesetzt zu werden, da der TR von links nach rechts fortlaufend rechnet.)

b) 840 : $\underbrace{(15 : 8)}_{1,875}$ = 840 : 1,875 = ?

Vergleichen Sie mit a).

2 Rechnen Sie im Kopf: 19 – 9 · 2

Beachten Sie folgende Vereinbarung in der Mathematik:

> Punktrechnung geht vor Strichrechnung!

Tippen Sie auf Ihrem TR: [1] [9] [–] [9] [x] [2] [=]

Erscheint in der Anzeige nicht die richtige Lösung [1], sondern [20], wurde vom TR so gerechnet: (19 – 9) · 2 = 20.

Ihr TR berücksichtigt dann also nicht die übliche Vereinbarung, dass Punktrechnung (· oder :) vor Strichrechnung (+ oder –) geht. In diesem Fall Klammern verwenden!

3 324 – $\underbrace{(109 + 26)}_{135}$ = 324 – 135 = ?

> Immer erst die Rechnungen in den Klammern ausführen!

Tastenfolge: [1] [0] [9] [+] [2] [6] [=] [135]

[3] [2] [4] [–] [1] [3] [5] [=]

Hinweis: Bei TR **mit** Klammertasten kann man so eintippen:

[3] [2] [4] [–] [(] [1] [0] [9] [+] [2] [6] [)] [=]

4 Rechnen Sie folgende Aufgaben.
Wo müssen Klammern gesetzt werden?

a) 75 – 90 : 3
b) 90 + 28 : 7
c) 25 · 3 – 68
d) 125 : 5 + 75
e) 97 + 3 · 12
f) 26 : 6,5 – 3,5
g) 132,5 – 3,2 · 4,7
h) 7,8 – 4,8 : 1,2

5 a) (75 – 25) · (12 + 8)
b) (288 – 97) · (624 + 76)
c) 36 : 9 – 75 : 25
d) (938 + 76) : (28 – 16)
★ e) 400 : 5 + 60 : 4 – (32 – 17) – (16 + 15)
★ f) 13 · 15 + 105 : 15 – (26 – 13) – (17 + 6)

Bruchrechnung

Der Auszubildende Max soll folgendes Material aus dem Lager holen:

3 Übergangsmuffen $22 \times \frac{3}{4}''$,

2 Eckhähnchen $\frac{1}{2}''$,

1 Wandscheibe $15 \times \frac{1}{2}''$.

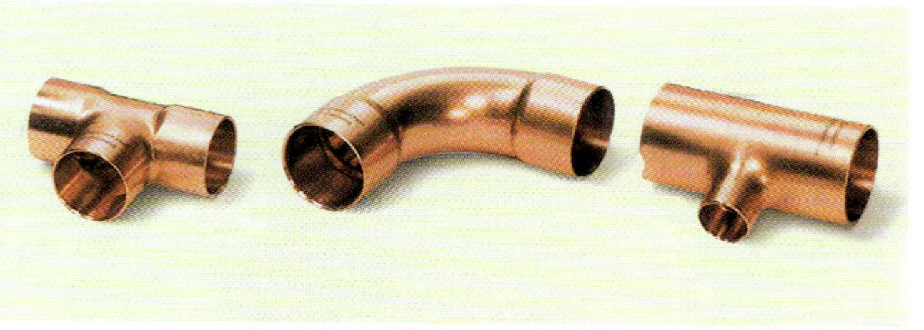

Was bedeuten die beiden Striche ″ hinter $\frac{3}{4}$ und $\frac{1}{2}$ jeweils?

1″ = 1 Zoll = 25,4 mm

1 **Zoll** ist eine veraltete **Längeneinheit**, die aber noch bei Rohren und Spezialgewinden benutzt wird.

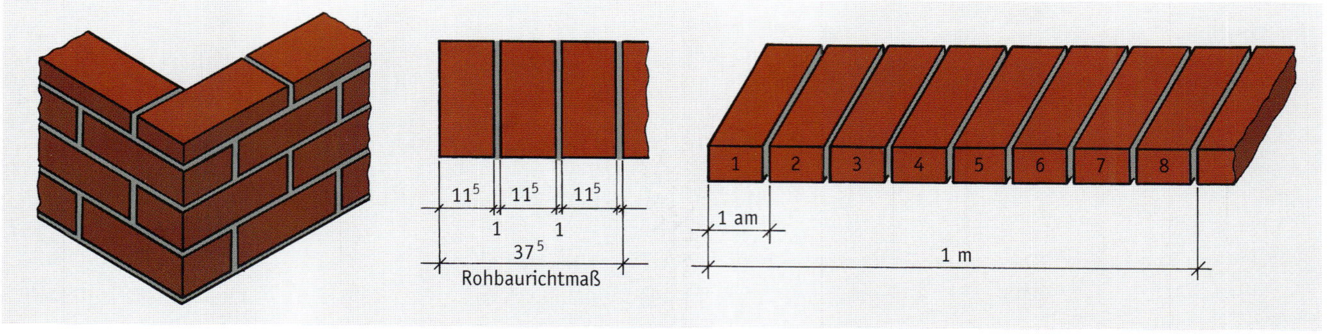

Im Mauerwerksbau wird eine andere Längeneinheit verwendet. Für die Berechnung von Mauerlängen geht man von der kleinsten Abmessung der Ziegel aus: Ziegelbreite = 11,5 cm. Da Ziegel mit Fugen (1 cm) vermauert werden, beträgt das kleinste Rohbaurichtmaß für Mauerlängen 11,5 cm + 1 cm = 12,5 cm.
12,5 cm ist der achte Teil von 1 m.

1 am = 1 Achtelmeter = $\frac{1}{8}$ m = 0,125 m

Die genannten Maßzahlen $\frac{3}{4}$, $\frac{1}{2}$ und $\frac{1}{8}$ nennt man Brüche.

$\frac{3}{4}$ ist lediglich eine andere Schreibweise für 3 : 4 = 0,75.

Der Bruchstrich — ersetzt das Divisionszeichen :

Beim Bruch $\frac{3}{4}$ heißt 3 der Zähler, 4 der Nenner.

3 → Zähler
— → Bruchstrich
4 → Nenner

6 Eine Mauer hat eine Länge von 9,50 m.

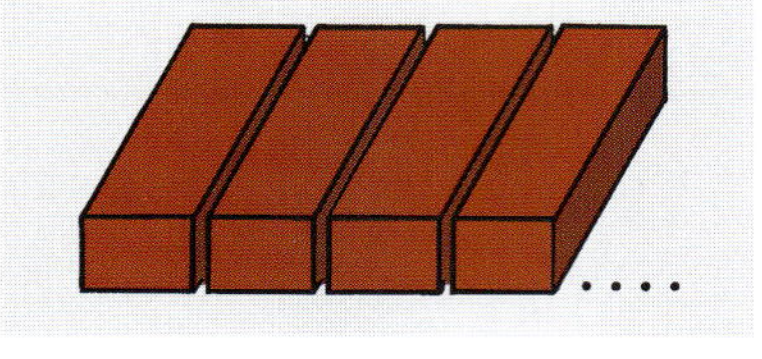

Wie viele Ziegelsteine werden für eine Lage dieser Länge benötigt, wenn wie in der Skizze gemauert wird?

7

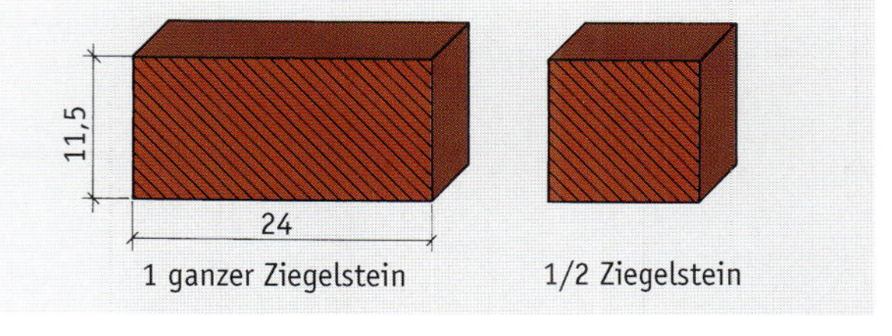

1 ganzer Ziegelstein $\qquad \frac{1}{2}$ Ziegelstein

Zeichnen Sie für $\frac{1}{3}, \frac{1}{4}, \frac{3}{4}, \frac{1}{8}, \frac{3}{8}, \frac{5}{8}$ Ziegelstein jeweils die Vorderansicht (im Beispiel schraffiert).

8 Übertragen Sie folgende Tabelle in Ihr Heft. Rechnen Sie und tragen Sie die fehlenden Werte ein.

Zoll	1″	$\frac{1}{2}''$	$\frac{1}{4}''$	$\frac{1}{8}''$	$\frac{3}{4}''$	$\frac{5}{8}''$	$1\frac{1}{2}''$
mm	?	?	?	?	?	?	?

Brüche werden miteinander **multipliziert**, indem man Zähler mit Zähler und Nenner mit Nenner multipliziert.

Beispiele: ① $\frac{1}{4} \cdot \frac{3}{5} = \frac{1 \cdot 3}{4 \cdot 5} = \frac{3}{20}$ ② $\frac{1}{3} \cdot 5 = \frac{1}{3} \cdot \frac{5}{1} = \frac{1 \cdot 5}{3 \cdot 1} = \frac{5}{3}$

③ $\frac{3}{4} \cdot \frac{2}{9} = \frac{{}^{1}\cancel{3} \cdot 2}{4 \cdot \cancel{9}_{3}} = \frac{1 \cdot \cancel{2}^{1}}{{}_{2}\cancel{4} \cdot 3} = \frac{1 \cdot 1}{2 \cdot 3} = \frac{1}{6}$

Wenn möglich, kürzen! Beim Kürzen werden Zähler und Nenner durch die gleiche Zahl dividiert.

Beispiel: $\frac{4}{8} = \frac{2}{4} = \frac{1}{2}$ Der Wert des Bruches ändert sich dabei nicht.

9 Rechnen Sie:

a) $\frac{1}{3} \cdot \frac{4}{5}$ d) $\frac{2}{3} \cdot \frac{9}{8}$ g) $\frac{1}{3} \cdot \frac{1}{3}$ j) $\frac{12}{8} \cdot \frac{8}{6}$ m) $\frac{12}{7} \cdot \frac{14}{6}$ p) $\frac{1}{2} \cdot \frac{1}{3}$ s) $\frac{5}{7} \cdot \frac{2}{12}$

b) $\frac{1}{6} \cdot \frac{3}{5}$ e) $\frac{3}{6} \cdot \frac{4}{8}$ h) $\frac{1}{5} \cdot \frac{1}{5}$ k) $\frac{24}{5} \cdot \frac{5}{6}$ n) $\frac{3}{10} \cdot \frac{7}{10}$ q) $\frac{1}{2} \cdot \frac{2}{3}$ t) $\frac{17}{14} \cdot \frac{28}{7}$

c) $\frac{1}{9} \cdot \frac{3}{7}$ f) $\frac{1}{2} \cdot \frac{1}{2}$ i) $\frac{9}{9} \cdot \frac{5}{6}$ l) $\frac{17}{9} \cdot \frac{3}{4}$ o) $\frac{5}{10} \cdot 2\frac{1}{2}$ r) $\frac{1}{2} \cdot \frac{1}{4}$

10 Karl Huber macht eine Eignungsprüfung bei der Firma Meier. Er soll die folgenden Brüche als Dezimalzahlen schreiben. Können Sie es?

Beispiele: ① $\frac{7}{4} = 7 : 4 = 1{,}75$ ② $1\frac{1}{2} = \frac{3}{2} = 3 : 2 = 1{,}5$

$\frac{1}{2}$	$\frac{5}{2}$	$\frac{7}{2}$	$6\frac{1}{2}$	$7\frac{1}{2}$	$10\frac{1}{2}$	$\frac{1}{4}$	$\frac{3}{4}$	$\frac{5}{4}$	$\frac{9}{4}$	$\frac{31}{4}$	$\frac{5}{12}$	$\frac{8}{12}$
$5\frac{1}{4}$	$7\frac{3}{4}$	$8\frac{1}{4}$	$\frac{1}{8}$	$\frac{3}{8}$	$\frac{5}{8}$	$\frac{7}{8}$	$\frac{8}{8}$	$\frac{12}{8}$	$\frac{16}{8}$	$\frac{20}{8}$	$\frac{9}{16}$	$\frac{1}{16}$
$\frac{7}{10}$	$3\frac{4}{10}$	$\frac{18}{10}$	$\frac{69}{10}$	$\frac{3}{100}$	$\frac{17}{100}$	$\frac{4}{5}$	$\frac{6}{5}$	$\frac{2}{5}$	$\frac{7}{5}$	$\frac{12}{5}$	$\frac{19}{5}$	$2\frac{1}{5}$

11 Schreiben Sie die folgende Tabelle in Ihr Heft.
Rechnen Sie auf Zehntelmillimeter genau und tragen Sie die fehlenden Werte ein.

Zoll	1″	$\frac{2}{5}$″	$\frac{7}{8}$″	$\frac{1}{16}$″	$\frac{5}{16}$″	$\frac{3}{8}$″	$1\frac{5}{8}$″
mm	?	?	?	?	?	?	?
cm	?	?	?	?	?	?	?

Maurer Huber muss wissen, wie viel am (Achtelmeter) eine Wand von $2\frac{1}{2}$ m misst.

Er überlegt: $2\frac{1}{2}$ m $= \frac{5}{2}$ m und 1 am $= \frac{1}{8}$ m. Ich muss also rechnen: $\frac{5}{2} : \frac{1}{8} = ?$

$\frac{1}{8} \rightleftarrows \frac{8}{1}$ ⟶ Kehrwert von $\frac{1}{8}$

Maurer Huber **multipliziert** $\frac{5}{2}$ mit $\frac{8}{1}$, also $\frac{5}{2} \cdot \frac{8}{1} = 20$, damit gilt also: $2\frac{1}{2}$ m = 20 am.

(Andere mögliche Lösung: 1 m = 8 am; $2\frac{1}{2}$ m $= \frac{5}{2}$ m $= \frac{5}{2} \cdot 8$ am = 20 am)

10. Wir rechnen mit Klammern und mit Brüchen

Zwei Brüche werden **dividiert,** indem man den ersten Bruch mit dem Kehrwert des zweiten Bruches multipliziert.

Beispiele:
① $\frac{3}{4} : \frac{3}{2} = \frac{3}{4} \cdot \frac{2}{3} = \frac{\cancel{3}^{1} \cdot 2}{4 \cdot \cancel{3}_{1}} = \frac{2}{4} = \frac{1}{2}$
② $\frac{2}{5} : \frac{4}{7} = \frac{2}{5} \cdot \frac{7}{4} = \frac{\cancel{2}^{1} \cdot 7}{5 \cdot \cancel{4}_{2}} = \frac{7}{10}$
③ $\frac{7}{8} : 5 = \frac{7}{8} : \frac{5}{1} = \frac{7}{8} \cdot \frac{1}{5} = \frac{7 \cdot 1}{8 \cdot 5} = \frac{7}{40}$

12 Rechnen Sie. Möglichst kürzen!

a) $\frac{3}{2} : \frac{3}{4}$ c) $5 : \frac{7}{8}$ e) $\frac{7}{5} : \frac{3}{5}$ g) $\frac{5}{8} : \frac{3}{8}$ i) $\frac{2}{5} : \frac{2}{10}$

b) $\frac{4}{7} : \frac{2}{5}$ d) $\frac{9}{8} : 5$ f) $\frac{2}{3} : \frac{4}{3}$ h) $\frac{8}{9} : \frac{8}{3}$ j) $\frac{7}{3} : \frac{9}{6}$

Brüche mit demselben Nenner nennt man auch „gleichnamige Brüche".

Beispiele: $\frac{1}{3}, \frac{5}{3}, \frac{7}{3}$ sind gleichnamige Brüche, da sie alle denselben Nenner (hier 3) haben.

Gleichnamige Brüche werden **addiert** bzw. **subtrahiert,** indem die Zähler addiert bzw. subtrahiert werden und der Nenner beibehalten wird.

Beispiele:
① $\frac{3}{8} + \frac{2}{8} = \frac{3+2}{8} = \frac{5}{8}$
② $\frac{6}{7} - \frac{3}{7} = \frac{6-3}{7} = \frac{3}{7}$
③ $\frac{3}{2} + \frac{5}{2} = \frac{3+5}{2} = \frac{8}{2} = 4$

13 Addieren bzw. subtrahieren Sie.

a) $\frac{1}{2} + \frac{3}{2}$ c) $\frac{3}{4} + \frac{5}{4}$ e) $\frac{7}{6} - \frac{5}{6}$ g) $\frac{3}{8} - \frac{1}{8} + \frac{5}{8}$ i) $2\frac{1}{2} - \frac{3}{2}$

b) $\frac{7}{3} + \frac{1}{3}$ d) $\frac{4}{5} + \frac{3}{5}$ f) $\frac{8}{7} - \frac{5}{7}$ h) $1\frac{1}{2} + \frac{3}{2}$ j) $1\frac{1}{4} - \frac{3}{4}$

Sollen Brüche, die nicht gleichnamig sind, addiert oder subtrahiert werden, so müssen sie zunächst gleichnamig gemacht werden.

Beispiele:
① $\frac{1}{2} + \frac{1}{3} = \frac{1}{2} \cdot \frac{3}{3} + \frac{1}{3} \cdot \frac{2}{2} = \frac{1 \cdot 3}{2 \cdot 3} + \frac{1 \cdot 2}{3 \cdot 2} = \frac{3}{6} + \frac{2}{6} = \frac{3+2}{6} = \frac{5}{6}$
② $\frac{1}{2} + \frac{5}{6} = \frac{1}{2} \cdot \frac{3}{3} + \frac{5}{6} = \frac{1 \cdot 3}{2 \cdot 3} + \frac{5}{6} = \frac{3}{6} + \frac{5}{6} = \frac{3+5}{6} = \frac{8}{6} = \frac{4}{3} = 1\frac{1}{3}$

14 Addieren bzw. subtrahieren Sie.

a) $\frac{3}{4} + \frac{1}{5}$; $\frac{2}{3} + \frac{1}{4}$; $\frac{1}{5} + \frac{1}{6}$; $\frac{1}{2} + \frac{1}{4}$; $\frac{1}{3} + \frac{1}{6}$; $\frac{2}{3} + \frac{5}{6}$; $\frac{4}{5} - \frac{1}{2}$; $\frac{3}{4} - \frac{1}{3}$; $\frac{7}{8} - \frac{6}{7}$; $\frac{2}{9} - \frac{5}{6}$.

b) $1\frac{3}{4}h + \frac{1}{2}h + \frac{1}{4}h$; $2\frac{1}{2}h - \frac{3}{4}h$; $8\frac{1}{2}h - 4\frac{3}{4}h$; $3\frac{1}{4}h - 1\frac{1}{2}h$; $7\frac{1}{2}h - 1\frac{1}{4}h$.

15 Es ist 12.25 Uhr.
Wie viel Uhr ist es $\frac{3}{4}$ Stunden später?

16 Berechnen Sie die Länge der Kopfschraube in mm.

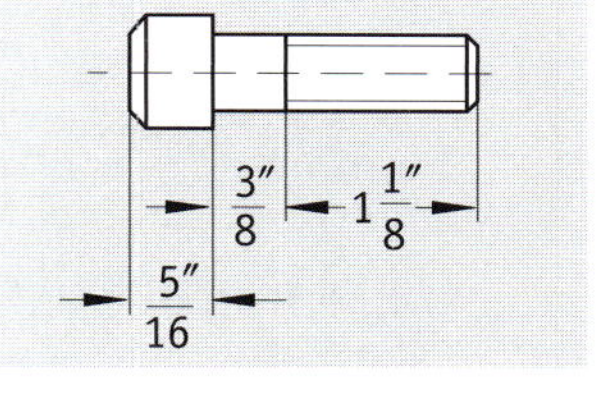

11. Dreisatz

Zum Aufhängen eines Regals benötigt Karl Huber Dübel.

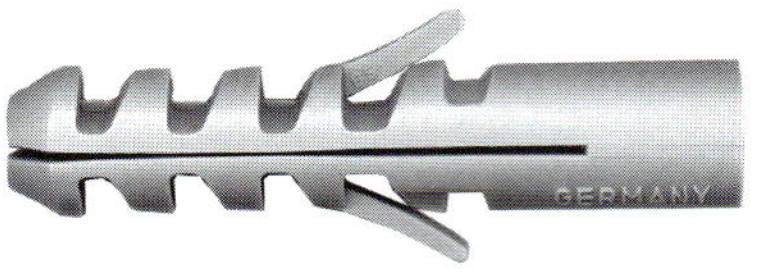

5 Dübel kosten 1,00 €.

Wie viel kostet 1 Dübel?
Wie viel kosten 10 Dübel?

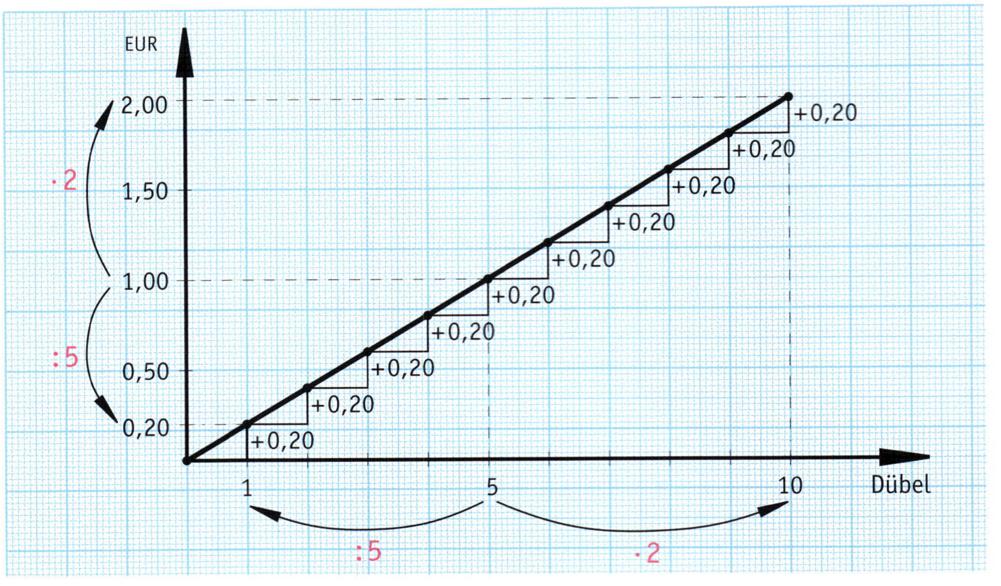

Wir nehmen immer an, dass der **Preis für ein Teil sich nicht ändert,** ganz gleich, wie viel Stück man kauft.

Wir erhalten z. B. (prüfen Sie oben nach!):
Doppelt so viele Dübel (10 Stück) kosten doppelt so viel wie 5 Stück, also kosten 10 Stück 2 · 1,00 € = 2,00 €.

Der fünfte Teil von 5 Dübeln (1 Dübel) kostet den fünften Teil von 1,00 €, also kostet 1 Dübel 1,00 € : 5 = 0,20 €.

kurz:

: 5 (5 Dübel ≙ 1,00 €
1 Dübel ≙ 1,00 € : 5 = 0,20 €) : 5

≙ bedeutet entspricht

Aufgabe: Entnehmen Sie der Abbildung, wie viel € 0, 2, 3 und 4 Dübel kosten.

1 **Beispiel:** 4 kg Farbe kosten 16,00 €
Wie viel kostet 1 kg Farbe?

: 4 (4 kg ≙ 16,00 €
1 kg ≙ 16,00 € : 4 = 4,00 €) : 4

Antwort: 1 kg Farbe kostet 4,00 €.

Berechnen Sie jeweils die Kosten für eine Einheit. Rechnen Sie möglichst im Kopf.

a) 10 kg Möhren kosten 2,00 €.
b) 2 kg Erdbeeren kosten 3,40 €.
c) 3 Sack Kartoffeln kosten 48,00 €.
d) 6 Kaugummi kosten 0,60 €.
e) 5 Eier kosten 0,70 €.
f) 4 Becher Margarine kosten 1,40 €.
g) 8 Becher Eis kosten 5,20 €.

Beispiel:

5 Dübel kosten 1,00 €.
Wie viel kosten 7 Dübel?

: 5 ↓	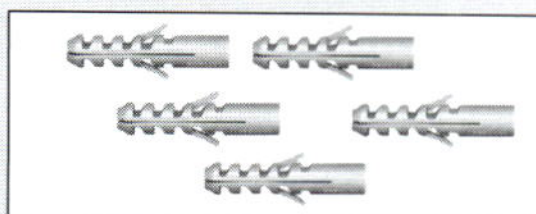		5 Dübel ≙ 1,00 €	↓ : 5
· 7 ↓			1 Dübel ≙ 1,00 € : 5 = 0,20 €	↓ · 7
	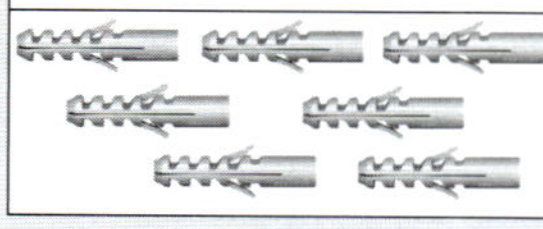		7 Dübel ≙ 0,20 € · 7 = 1,40 €	

kurz:

(: 5) 5 Dübel ≙ 1,00 € (: 5)
(· 7) 1 Dübel ≙ 1,00 € : 5 = 0,20 € (· 7)
7 Dübel ≙ 0,20 € · 7 = **1,40 €**

Dreisatz

für „Könner" *noch kürzer:*

($\cdot \frac{7}{5}$) 5 Dübel ≙ 1,00 € ($\cdot \frac{7}{5}$)
7 Dübel ≙ 1,00 € $\cdot \frac{7}{5}$ = **1,40 €**

Rechenweg: $1{,}00\,€ \cdot \frac{7}{5} = \frac{1{,}00\,€ \cdot 7}{5}$ (gekürzt: 0,2) $= 0{,}20\,€ \cdot 7 = 1{,}40\,€$

Antwort: 7 Dübel kosten 1,40 €.

2 Der WeMa-Markt bietet Werkzeuge zu Sonderpreisen an. Bei Abnahme einer großen Anzahl verschiedener Werkzeuge kann man auch Einzelstücke zum Sonderpreis kaufen. Schlossermeister Schubert schreibt handschriftlich in das Angebot, wie viel Stück er jeweils kaufen möchte.
Welchen Betrag gibt er jeweils für die Werkzeuge einer Bestellnummer aus?
Rechnen Sie im Kopf oder wenden Sie das Dreisatzschema an.

Werkzeug	Best.	Angebot	Preis	Handschriftlich	Bild
Flachfeile	Best.: 542	10 Stück	**30,00 €**	8 Stück	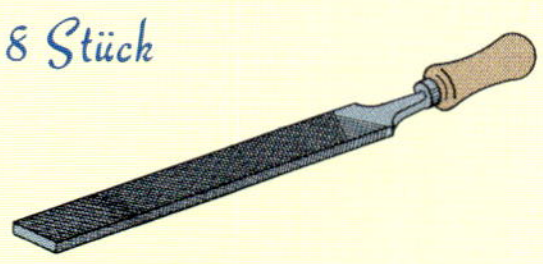
Flachzange	Best.: 543	5 Stück	**30,00 €**	3 Stück	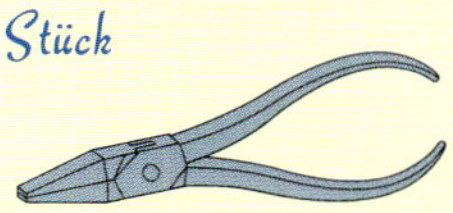
Hammer	Best.: 544	4 Stück	**7,00 €**	2 Stück	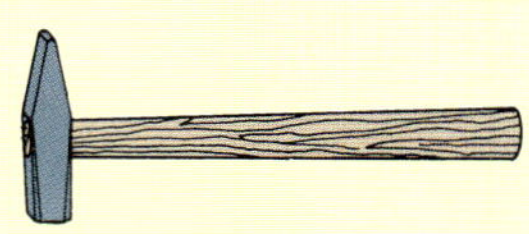
Messschieber	Best.: 545	10 Stück	**122,00 €**	5 Stück	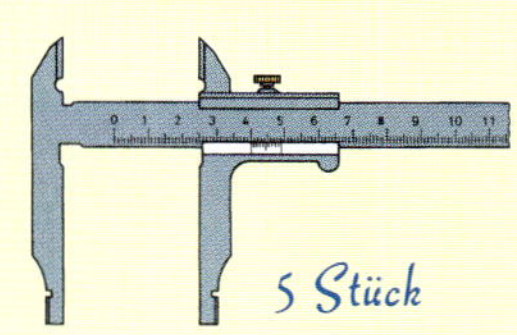
Messschraube	Best.: 546	3 Stück	**69,00 €**	2 Stück	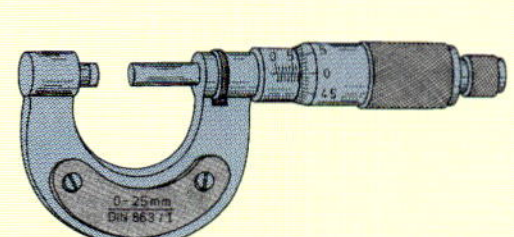
Blechschere	Best.: 547	5 Stück	**68,00 €**	7 Stück	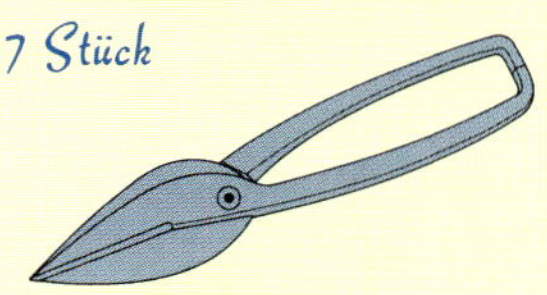
Reißnadel	Best.: 548	5 Stück	**6,50 €**	12 Stück	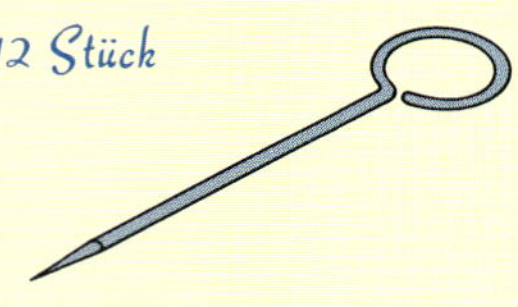
Parallelreißer	Best.: 549	6 Stück	**385,00 €**	2 Stück	
Zirkel	Best.: 550	10 Stück	**38,00 €**	4 Stück	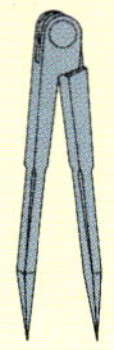
Durchschläger	Best.: 551	12 Stück	**28,80 €**	11 Stück	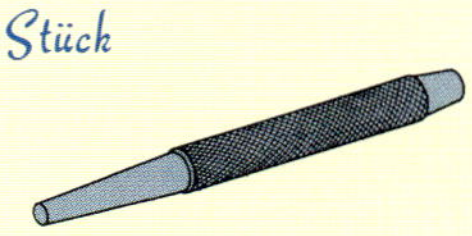
Gummihammer	Best.: 552	5 Stück	**15,75 €**	7 Stück	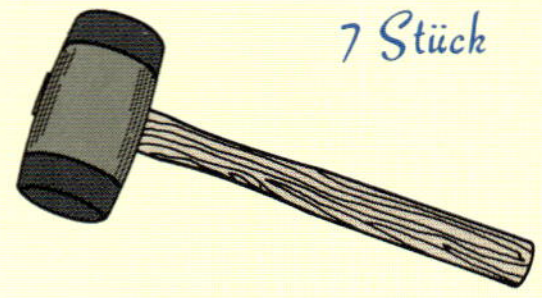
Flachwinkel	Best.: 553	10 Stück	**21,40 €**	6 Stück	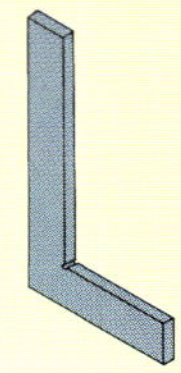

3 Ein PKW brauchte für eine Fahrt von 384 km 28,8 l Super-Benzin.

a) Berechnen Sie den Verbrauch auf 100 km.
b) Was kostet zur Zeit 1 l Super-Benzin? Berechnen Sie die Benzinkosten für 100 km.
c) Wie hoch ist die Ersparnis auf 100 km, wenn statt Super- auch Normal-Benzin getankt werden kann?

4 Wenden Sie das Dreisatzschema an.

a) 6 Schrauben M 6 x 30 kosten 0,60 €. Wie viel kosten 11 Schrauben?
b) 5 Schrauben M 8 x 40 kosten 1,10 €. Wie viel kosten 8 Schrauben?
c) 3 Schrauben M 12 x 40 kosten 0,90 €. Wie viel kosten 5 Schrauben?
d) 12 Schrauben M 5 x 20 kosten 1,20 €. Wie viel kosten 5 Schrauben?
e) 20 Schweißdrähte kosten 2,40 €. Wie viel kosten 8 Schweißdrähte?
f) 12 Elektroden kosten 3,60 €. Wie viel kosten 20 Elektroden?
g) 100 Elektroden kosten 24,00 €. Wie viel kosten 70 Elektroden?
h) 125 kg Winkeleisen kosten 24,50 €. Wie viel kosten 375 kg Winkeleisen?
i) Zur Herstellung von 3 Wandschränken benötigt man 72 Arbeitsstunden. Wie viel Arbeitsstunden braucht man für 8 Wandschränke?
j) 5 Gesellen verdienen zusammen täglich 420,00 €. Wie viel verdienen 8 Gesellen täglich?

5 20 Schrauben M 6 x 40 kosten 2,80 €.

Wie viel kosten 10, 11, 12, 13, 14, 15, 16, 17, 18, 19, 21, 22, 23, 24, 25 Schrauben? Legen Sie eine Tabelle an.

20 Schrauben ≙ 2,80 €

: 20 ↓   ↓ : 20

1 Schraube ≙ 2,80 € : 20 = **0,14 €**

Hinweis: Diese Aufgabe kann schnell mithilfe der **Konstantenautomatik** oder des **Speichers** Ihres TR gelöst werden. Lassen Sie sich von Ihrem Lehrer beraten.

6 150 Elektroden kosten 33,00 €.

Wie viel kosten 10, 20, 30, 40, ..., 140 Elektroden?
Fertigen Sie eine Tabelle an.

11. Dreisatz

Aufgabe: Beschreiben Sie, was Sie auf jedem Bild sehen. Als Beispiel siehe Bild 1.

	2 Arbeiter ≙ 4 h		(2 · 4 = 8)
: 2 ↓		↓ · 2	
	1 Arbeiter ≙ 8 h		(1 · 8 = 8)
· 4 ↓		↓ : 4	
	4 Arbeiter ≙ 2 h		(4 · 2 = 8)

Dreisatz mit umgekehrtem Verhältnis	
links : 2 links · 4	rechts · 2 rechts : 4

Anzahl Arbeiter · Stundenzahl = 8

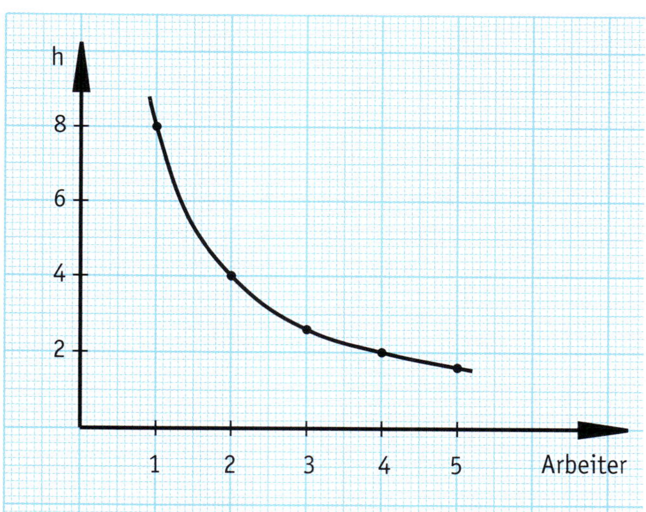

Andere Lösungsmöglichkeit:

2 Arbeiter ≙ $8\text{ h} : 2 = \frac{8}{2}\text{ h} = 4\text{ h}$

4 Arbeiter ≙ $8\text{ h} : 4 = \frac{8}{4}\text{ h} = 2\text{ h}$

7 3 Gesellen schaffen eine Arbeit in 24 Stunden.

Wie viele Stunden brauchen 8 Gesellen?

8 Für die Montage einer Maschine benötigen 5 Monteure 48 Stunden. Die Montage muss aber in 2 Tagen mit jeweils 8 Stunden Arbeitszeit für jeden Monteur geschafft werden.

Wie viele Monteure müssen eingesetzt werden?

9 Der Vorrat an Kartoffeln in einem Zeltlager reicht für 12 Tage. Im Zeltlager sind 25 Personen. Wider Erwarten erhöht sich aber die Teilnehmerzahl um 15 Personen.

Wie lange reicht der Vorrat?

10 Für einen Möbeltransport benötigen 5 Packer 12 Stunden. Das Auspacken muss in 9 Stunden erfolgen, da das Fahrzeug dringend gebraucht wird.

Wie viele Packer müssen eingesetzt werden?

Überlegen Sie sich bei den folgenden Aufgaben, ob ein umgekehrtes Verhältnis vorliegt oder nicht!

11

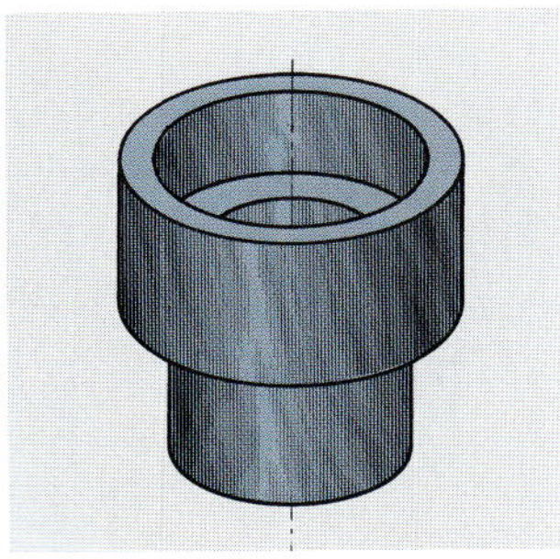

14 Dreher arbeiten 18 Betriebsstunden an einer Kiste Buchsen.

a) Da die Arbeit schneller fertig werden soll, werden 27 Dreher eingesetzt.
Wie viele Betriebsstunden muss jetzt gedreht werden?

b) Von den 27 Drehern erkranken 6.
Wie viele Stunden muss jetzt gedreht werden?

12 Eine Tischlerei benötigt für 106 Türen 53 kg Leim.

a) Wie viel Leim ist für 75 Türen nötig?

b) Für einen anderen Typ Türen wird die doppelte Menge an Leim verbraucht.
Wie viel Leim wird hierbei für 42 Türen benötigt?

13 Auf einer Baustelle laufen 9 Baumaschinen 11 Tage mit dem vorhandenen Dieselkraftstoff.

a) Plötzlich sind 3 Maschinen defekt.
Wie lange reicht jetzt der Dieselkraftstoff?

b) Da die Arbeit schneller fertig werden soll, werden nach der Reparatur zusätzlich zu den 9 Maschinen noch 5 weitere eingesetzt.
Wie lange reicht jetzt der Dieselkraftstoff?

14

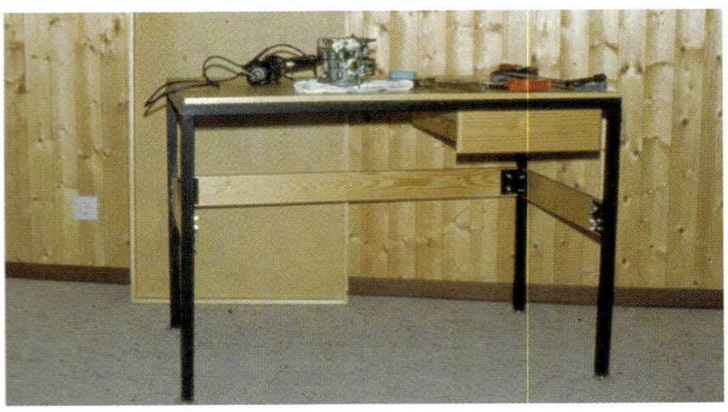

In den Schulwerkstätten fertigt jeder Schüler einen Tisch an.

a) Für die Beine der Tische wurden im Jahre 2007 von 13 Schülern 37,44 m quadratisches Stahlrohr verarbeitet.
Wie viel m wurden im Jahre 2008 verarbeitet, wenn 27 Schüler einen Tisch anfertigten?
Wie viel m müssen für das nächste Jahr gekauft werden, wenn 36 Schüler einen Tisch bauen werden?

b) 13 Schüler verbrauchen für ihre Tische insgesamt 2,6 kg Mattlack.
Wie viel Mattlack ist bei 27 Schülern nötig?
Wie viel Mattlack ist bei 36 Schülern nötig?

c) Zur Herstellung der Beine von 10 Tischen benötigen 14 Schüler 14 Stunden.
Wie viel Zeit brauchen 27 Schüler und wie viel Zeit 36 Schüler zur Herstellung der Beine von 10 Tischen?

d) Zur Lagerung von 14 Tischen wird eine Abstellfläche von 11,48 m^2 benötigt.
Berechnen Sie, wie groß die Fläche für 27 Tische sein muss.
In Zukunft werden 36 Tische gelagert.
Wie groß muss dann die Fläche sein?

e) Für 14 Tische werden 13,30 m^2 Faserplatten (FP 16) benötigt.
Wie viel m^2 FP 16 müssen für 27 Tische, wie viel m^2 für 36 Tische gekauft werden?

12. Mischungsrechnen

Beispiel 1:

Frank Müller ist Auszubildender im 1. Ausbildungsjahr als Maurer.
Er soll eine Karre Zementmörtel mischen.
Das Mischungsverhältnis ist 1:4 (gelesen: „1 zu 4").
Die Karre fasst 15 Schaufeln Material.

Wie viele Schaufeln Zement und wie viele Schaufeln Sand muss Frank nehmen?

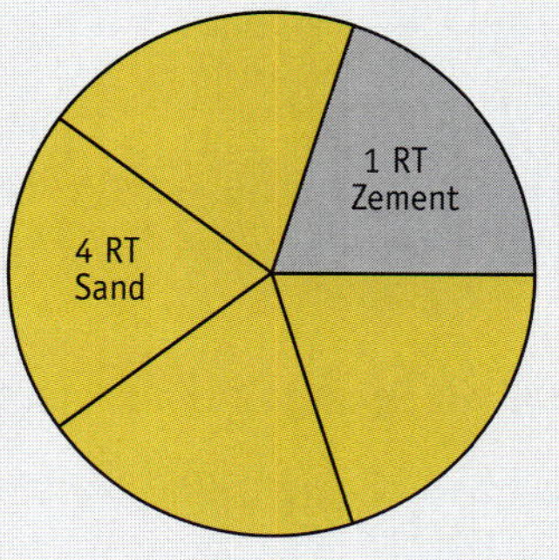

Das Mischungsverhältnis 1:4 bedeutet:
Auf **einen** Teil Zement kommen **vier** Teile Sand.
Maurer sprechen von **Raumteilen** (RT).

Mischungsverhältnis von Zementmörtel 1:4

Frank kann probieren: Er nimmt vier Schaufeln Sand, dann eine Schaufel Zement. Insgesamt macht er das dreimal. Dann hat er 12 Schaufeln Sand und 3 Schaufeln Zement in der Karre, zusammen also 15 Schaufeln Material.

Frank rechnet nach:
Das Mischungsverhältnis (MV) 1:4 gibt an, dass man mit insgesamt 5 RT rechnen muss (1 + 4 = 5).

Damit erhält er:
15 Schaufeln : 5 = 3 Schaufeln
1 RT ≙ 3 Schaufeln (Zement)
4 RT ≙ 12 Schaufeln (Sand)

Antwort: Frank muss 3 Schaufeln Zement und 12 Schaufeln Sand nehmen.

Dividiere die Gesamtmenge durch die Gesamtzahl der RT;
multipliziere das Ergebnis mit den jeweiligen Anteilen des MV.

1 Eine Mischtrommel fasst 35 Schaufeln. Es soll Zementmörtel (MV 1:4) gemischt werden.

Wie viele Schaufeln Zement und wie viele Schaufeln Sand müssen eingefüllt werden?

2 Es sollen folgende Mischungen hergestellt werden:

a) insgesamt 100 Schaufeln, MV 1:4
b) insgesamt 65 Schaufeln, MV 1:4
c) insgesamt 72 Schaufeln, MV 1:5
d) insgesamt 81 Schaufeln, MV 1:2

Es werden auch Mischungen aus mehr als zwei Sorten hergestellt.

Beispiel 2:

Zum Putzen soll Frank eine Karre mit 16 Schaufeln Kalkzementmörtel bringen.

Das MV ist 1:1:6.

Wie viele Schaufeln Kalk, wie viele Schaufeln Zement und wie viele Schaufeln Sand muss Frank nehmen?

Er rechnet: 1 RT + 1 RT + 6 RT = 8 RT

16 Schaufeln : 8 = 2 Schaufeln
1 RT ≙ 2 Schaufeln (Kalk)
1 RT ≙ 2 Schaufeln (Zement)
6 RT ≙ 12 Schaufeln (Sand)

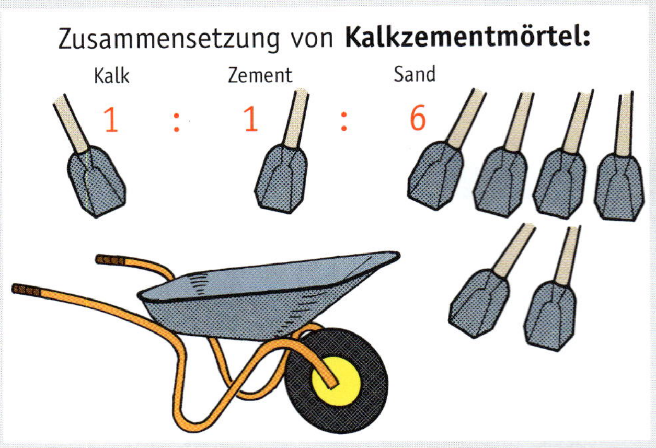

Antwort: Frank muss 12 Schaufeln Sand, 2 Schaufeln Zement und 2 Schaufeln Kalk mischen.

3 Frank benötigt zum Verputzen 40 Schaufeln Kalkzementmörtel (MV 1:1:6).

Berechnen Sie die Anteile für Kalk, Zement und Sand.

4 Es sollen folgende Mischungen hergestellt werden:

a) Gesamtbedarf: 64 Teile, MV 1:1:6
b) Gesamtbedarf: 108 Teile, MV 1:2:6
c) Gesamtbedarf: 225 Teile, MV 2:2:5

5 Ein Mopedtank fasst 4,2 l eines Zweitakt-Gemisches. Es wird ein Gemisch von Öl und Normalbenzin im Verhältnis 1:50 getankt.

Wie viel l Öl und wie viel l Benzin müssen gemischt werden?

6 Thomas Wuchtig muss 2 l PVAC-Leim gebrauchsfertig machen. Er mischt Wasser zu Leim im MV 1:4.

Berechnen Sie die Anteile von Wasser und Leim in l.

7 Für das Verleimen von Tischplatten werden 6 l Duroplast-Leim benötigt. Thomas mischt Wasser zu Leim im MV 1:3.

Berechnen Sie die Anteile von Wasser und Leim in l.

8 Für einen Ölwechsel nimmt Thomas 1 l Markenöl der Sorte A und 1 l der Sorte B. Sorte A kostet pro l 16,50 € und Sorte B 13,30 €.

Berechnen Sie den mittleren Preis des Öls pro l.

9 Für einen Ölwechsel werden 3 l des Markenöls A und 2 l des Markenöls B benötigt. Öl der Marke A kostet pro l 15,80 € und Öl der Marke B 13,50 €.

a) Wie teuer wird der Ölwechsel ohne Arbeitslohn?
b) Wie viel € kostet durchschnittlich 1 l Öl?

13. Prozentrechnen (Rabatt, Skonto, Mehrwertsteuer)

1 Man kann aus bildlichen Darstellungen (hier Prozentstreifen) Anteile in Prozenten ablesen:

Beispiele:

① 50 % | 50 %
② 80 % | 20 %

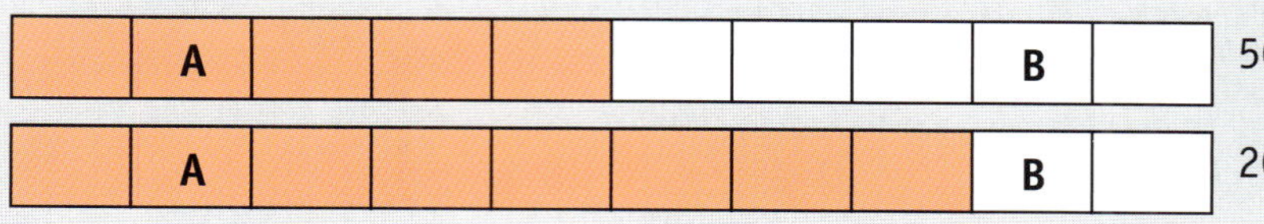

Lesen Sie aus den folgenden Prozentstreifen die Anteile in Prozenten ab. Schreiben Sie diese in Ihr Heft.

2 Zeichnen Sie in Ihr Heft Prozentstreifen mit folgenden Prozentanteilen.

	A	B
a)	40 %	?
b)	?	30 %
c)	35 %	?
d)	?	55 %
e)	95 %	?

3 Der Alkoholanteil ist bei verschiedenen Branntweinsorten unterschiedlich.

Zeichnen Sie wie in Aufgabe **2** den Alkoholgehalt farbig für

a) Korn 40 %,
b) Rum 54 %,
c) Whisky 43 %,
d) Branntwein 32 %,
e) Likör 30 %,
f) Obstbranntwein 45 %.

4 Nach verschiedenen Wahlen sehen Sie in der Zeitung folgende Darstellung der Stimmenverteilung.

Wie viel % der Stimmen hat Partei **A** und wie viel % Partei **B** erreicht?

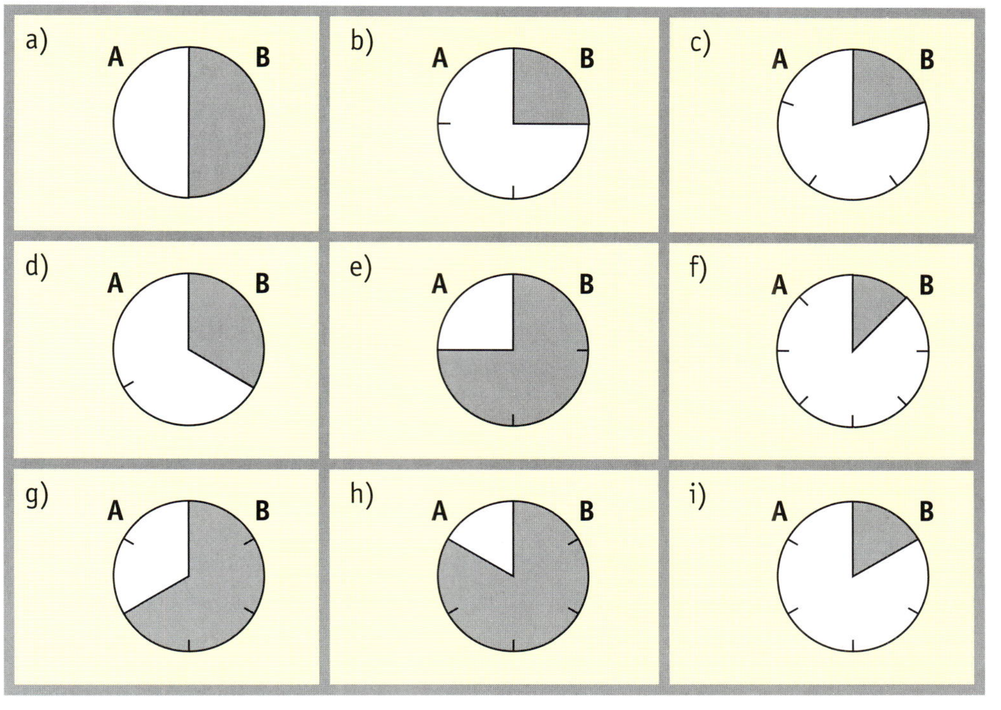

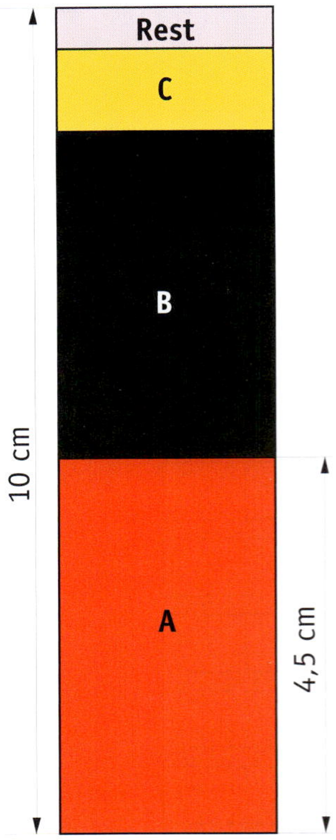

5 Bei einer Wahl zum Kreistag ergeben sich folgende Stimmenanteile für die Parteien:
Partei A 45 %, Partei B 40 %, Partei C 10 %.

a) Wie viel % der Stimmen haben die anderen Parteien zusammen erhalten?

In einer Zeitung findet man ein **Säulendiagramm**.

Das Säulendiagramm hat eine Höhe von 10 cm. Der Stimmenanteil ist jeweils durch ein Rechteck dargestellt. Alle Rechtecke haben dieselbe Breite. Die unterschiedlichen Höhen stellen die verschiedenen Anteile in Prozent dar.

$$100\,\% \mathrel{\hat{=}} 10\text{ cm}$$

$: 100$ (beide Seiten)

$$1\,\% \mathrel{\hat{=}} 10\text{ cm} : 100 = 0{,}1\text{ cm}$$

$\cdot\, 45$ (beide Seiten)

$$45\,\% \mathrel{\hat{=}} 0{,}1\text{ cm} \cdot 45 = 4{,}5\text{ cm}$$

Also: Die Höhe des Rechtecks für die Partei A beträgt 4,5 cm.

$$1\,\% = \frac{1}{100}$$

1 % ist also lediglich eine andere Schreibweise für den Bruch $\frac{1}{100}$.

Entsprechend gilt: $45\,\% = \frac{45}{100}$.

Die Höhe des Rechtecks für die Partei A hätte man also auch durch folgende Rechnung erhalten können:

$$10\text{ cm} \cdot \frac{45}{100} = \frac{10 \cdot 45}{100}\text{ cm} = 4{,}5\text{ cm}.$$

Mit einem TR, der eine Prozenttaste [%] besitzt, lässt sich die Rechnung auch in folgender Weise durchführen: [1] [0] [x] [4] [5] [%]

Hinweis: Bei einigen TR-Modellen muss am Ende noch die Taste [=] betätigt werden.

b) Berechnen Sie die Höhe des Rechtecks für die Partei B nach allen drei Verfahren (Dreisatz, Multiplikation mit $\frac{40}{100}$, Benutzung der Prozenttaste).

c) Berechnen Sie die Höhen für die Partei C und den Rest mit einem von Ihnen gewählten Verfahren.

d) Wie war die Stimmenverteilung (Zweitstimmen) bei der letzten Bundestagswahl?
Fertigen Sie hierfür ein Säulendiagramm an.

6 Bei einer Gemeinderatswahl ergaben sich folgende Stimmenanteile für die Parteien: A 44 %, B 42 %, C 6 %, D 5 %.

Stellen Sie die prozentuale Verteilung in einem Säulendiagramm dar.
Wählen Sie als Höhe der Säule 20 cm.

Wenn Sie die folgenden Aufgaben mit dem TR rechnen, schreiben Sie zunächst ein Rechenprotokoll.

7

Durch Verhandeln erreichen Sie, dass der Händler Ihnen beim Kauf des Schweißgerätes 3 % Skonto gewährt.

Wie viel € haben Sie bei Barzahlung gespart?

> Skonto bedeutet Nachlass bei Barzahlung.

8 Berechnen Sie:

a) 16 % von 344 €	d) 3,75 % von 11,8 m^3	g) 115 % von 300 m
b) 27 % von 26 m	e) 3,25 % von 87,91 €	h) 13 % von 187 €
c) 13,5 % von 80 kg	f) $6\frac{1}{2}$ % von 98,47 €	i) 8 % von 64 kg

9 Eine Familie hat ein Monatseinkommen von 2 458,00 €. Hiervon werden 26 % für das Haushaltsgeld benötigt.

Wie viel € sind das für jede Person bei einer 4-köpfigen Familie?

10 Der jährliche Wasserverbrauch einer Familie beträgt 296 m^3. Durch die Anschaffung einer Wasch- und einer Geschirrspülmaschine wird sich der Verbrauch vermutlich um 8 % erhöhen. Der Preis für einen m^3 Wasser einschließlich Abwasser liegt bei 3,88 €.

a) Um wie viel m^3 erhöht sich vermutlich der jährliche Wasserverbrauch?
b) Wie viel € muss die Familie dann im Jahr mehr für Wasser ausgeben?

11

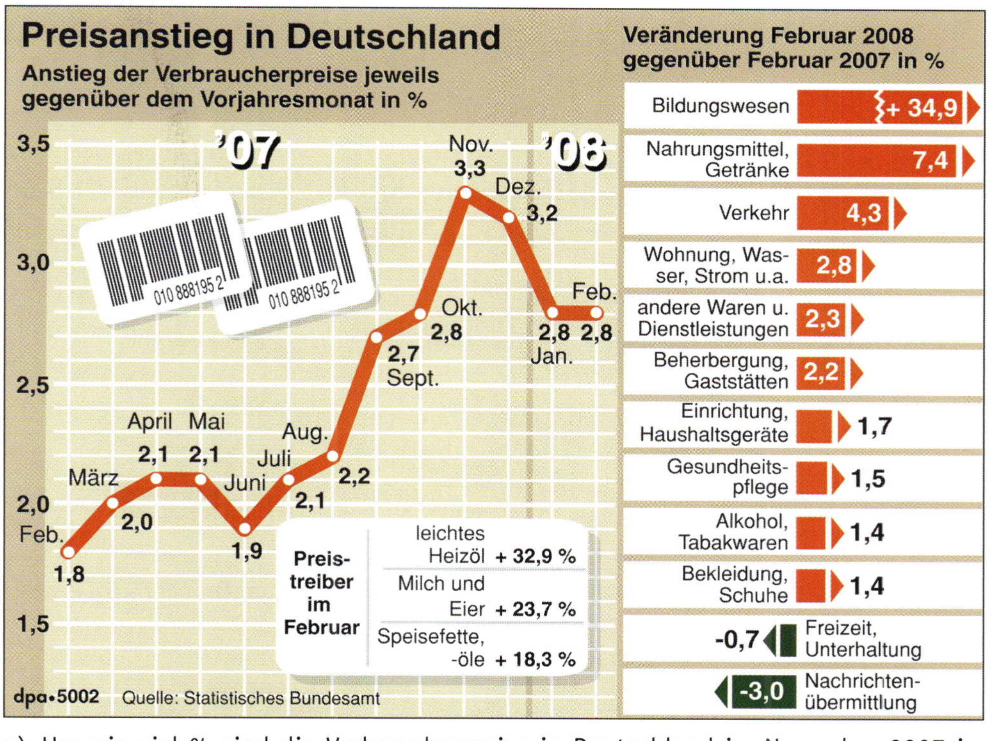

a) Um wie viel % sind die Verbraucherpreise in Deutschland im November 2007 im Vergleich zum November 2006 gestiegen?
b) Um wie viel % sind die Kosten für die Gesundheitspflege im Februar 2008 im Vergleich zum Februar 2007 gestiegen?
c) Um wie viel % sind die Kosten für Freizeit und Unterhaltung im Februar 2008 im Vergleich zum Vorjahresmonat gefallen?

12

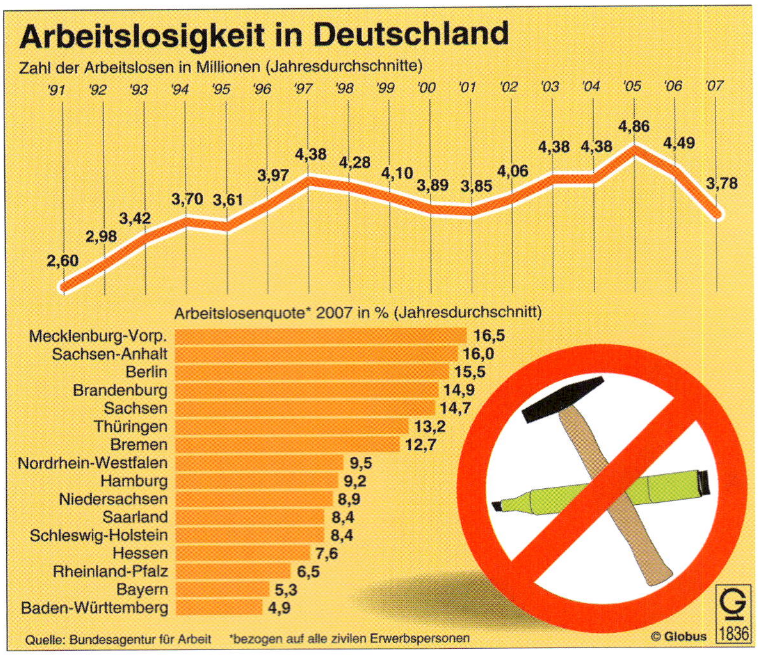

a) Um wie viel Prozentpunkte lag die Arbeitslosenquote in Sachsen im Jahr 2007 über der Arbeitslosenquote in Bayern?

b) Um wie viel Prozentpunkte lag die Arbeitslosenquote in Nordrhein-Westfalen im Jahr 2007 unter der Arbeitslosenquote in Berlin?

c) Warum kann die Arbeitslosenquote in Deutschland nicht aus den in der Grafik angegebenen Arbeitslosenquoten der einzelnen Länder ohne weitere Informationen berechnet werden?

Beispiel: Sie wollen den abgebildeten Roller kaufen. Der Händler ist bereit, Ihnen bei Barzahlung 3 % Skonto auf den Preis von 980,00 € zu gewähren.

Wie viel € müssen Sie dann noch für den Roller bezahlen?

Lösungsmöglichkeiten: A) Wir rechnen zunächst aus, wie viel € 3 % Skonto sind:

9 8 0 × 3 % [29.4] Ergebnis: 29,40 €

Der Prozentwert (Skonto) wird von 980,00 € subtrahiert:

9 8 0 − 2 9 . 4 = [950.6] Ergebnis: 950,60 €

B) **Kurzfassung** der Aufgabe:
980 €, abzüglich 3 % Skonto

Rechenprotokoll: 9 8 0 − 3 %

Was zeigt der TR nach dem Drücken der Prozenttaste % an?

[29.4] oder [950.6]

Im ersten Fall [29.4] hat der TR $980 \cdot \frac{3}{100}$ gerechnet und zeigt den Prozentwert an. Um das Endergebnis zu erhalten, müssen Sie noch die Taste = drücken.

Im zweiten Fall [950.6] hat der TR $980 - 980 \cdot \frac{3}{100}$ gerechnet.
Die Taste = brauchen Sie dann nicht mehr zu betätigen.

Fertigen Sie für die folgenden Aufgaben jeweils eine Kurzfassung und ein Rechenprotokoll an. Entscheiden Sie bei jeder Aufgabe zunächst, ob der Prozentwert (Skonto, Rabatt, Mehrwertsteuer) angegeben werden muss oder nicht.

Beispiel: Das Briefporto soll um etwa 30 % erhöht werden. Eine Familie hat im letzten Jahr insgesamt 118,00 € an Briefporto ausgegeben.

Welchen Betrag muss sie nach der Erhöhung jährlich vorsehen?

(Die Angabe des Prozentwertes [30 % von 118 €] ist nicht erforderlich).

Kurzfassung: 118 €, zuzüglich 30 %

Rechenprotokoll: [1] [1] [8] [+] [3] [0] [%]

Antwort: Die Familie muss jährlich 153,40 € vorsehen.

13 Eine Firma erhält eine Rechnung über 104,45 €. Bei Barzahlung darf sie 3,5 % abziehen.
Berechnen Sie den Barzahlungspreis.

14 Ein Fichtenbrett wird aus einem frischen Baumstamm geschnitten und wiegt 18 kg. Durch Lufttrocknung verliert es 35 % seines Gewichtes.
Wie viel kg wiegt das Brett im getrockneten Zustand?

15 Einem Rechnungsbetrag von 796,50 € wird die Mehrwertsteuer zugeschlagen.
Berechnen Sie, wie viel € Sie bezahlen müssen.

16 Ein Kunde kauft seine Gartenmöbel nach der Sommersaison. Er erhält auf alle Artikel 12 % Rabatt.

a) Berechnen Sie, wie viel € er für jeden Artikel bezahlen muss.
b) Wie viel € kann er insgesamt sparen, wenn er von jedem ausgezeichneten Artikel ein Stück kauft?

Rabatt ist ein Preisnachlass aus besonderem Grund.

17 Die Lebenshaltungskosten sind im Dezember um 5,2 % bezogen auf Dezember vergangenen Jahres gestiegen. Eine Familie gab im Dezember vorigen Jahres für ihre Lebenshaltung 876,00 € aus.

Wie viel Wirtschaftsgeld braucht sie nun bei gleichen Ansprüchen?

18

Welchen Höhenunterschied überwindet die Straße, an der dieses Schild steht, auf einer Länge von 100 m?

19

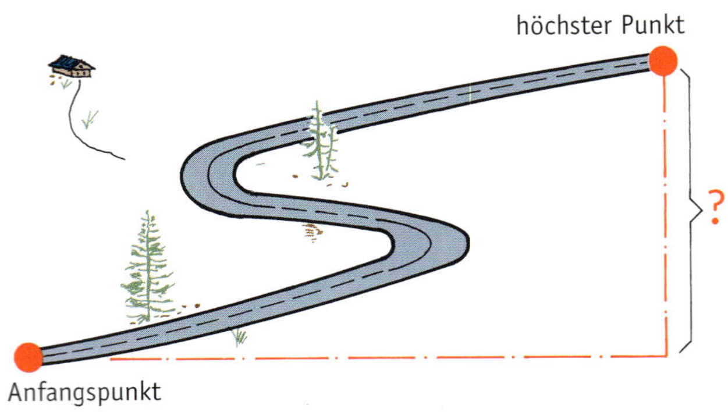

Eine 12 km lange Bergstraße hat eine durchschnittliche Steigung von 7 %.

Wie hoch (in m) liegt ihr höchster Punkt über dem Anfangspunkt?

20 Ein Berg hat stellenweise eine Steigung von 100 %.

Fertigen Sie eine Skizze an.

21 Eine Tafel Schokolade kostet 0,90 €. Im nächsten Jahr wird sie um 5 % teurer. Bezogen auf den neuen Preis wird sie im darauffolgenden Jahr sogar um 10 % teurer.

a) Wie viel € kostet die Tafel Schokolade nach 2 Jahren?
b) Wäre der neue Preis ein anderer, wenn sie im ersten Jahr um 10 % und im zweiten Jahr um 5 % teurer würde?

22 Eine Holzrechnung beläuft sich auf 256,80 €.

Wie hoch ist der Bareinkaufspreis, wenn die Firma 3 % Skonto gewährt?

23 Karl Huber hat seinen Führerschein gemacht.
Nun erkundigt er sich nach günstigen Gebrauchtwagen. Der Händler gibt ihm auf die angebotenen Fahrzeuge (A bis D) jeweils 7,5 % Skonto.

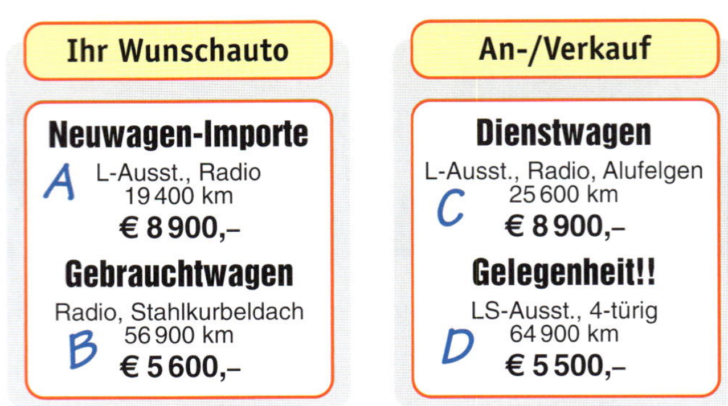

a) Wie teuer ist jedes Auto?
b) Für welches Auto würden Sie sich entscheiden?

ZWEI Prozentangaben – z. B. Mehrwertsteuer und Skonto

Beispiel: Eine Waschmaschine kostet 606,00 €. Hinzu kommt noch die Mehrwertsteuer von 19 %. Der Händler gewährt bei Barzahlung 3 % Skonto. Welchen Betrag müssen Sie bezahlen?

Kurzfassung: 606 €, zuzüglich 19 %, dann abzüglich 3 %

Protokoll: 6 0 6 + 1 9 % − 3 %

Antwort: Die Waschmaschine kostet bei Berücksichtigung von Mehrwertsteuer und Skonto 699,51 €.

Aus welchem Grunde ist die folgende Kurzfassung falsch?

606 €, zuzüglich 16 %

24 Sie verschönern Ihr Zimmer mit einer Decke aus Fichtenbrettern. Der Materialpreis beträgt 568,00 €. Zusätzlich muss die Mehrwertsteuer bezahlt werden.

Der Händler gewährt Ihnen bei Barzahlung $2\frac{1}{2}$ % Skonto.

Wie viel € müssen Sie bezahlen?

25 Ein Facharbeiter erhält im Monat einen Lohn von 2133,00 € (brutto). Im Tarifvertrag wird eine Erhöhung um 6,5 % vereinbart. Von seinem Bruttolohn gehen Abzüge in Höhe von 23,6 % ab.

Wie viel € erhält er nach der Lohnerhöhung ausbezahlt?

26

Beim Kauf des Fernsehgerätes gewährt Ihnen der Händler 5 % Skonto.

Wie viel € müssen Sie dann bezahlen?

27 Ein Händler verkauft ein Motorrad, das ihn 2 650,00 € gekostet hat, mit einem Gewinn von 25 %.

Wie viel € muss der Käufer bezahlen?

28 Hans Weber kauft sich ein gebrauchtes Motorrad zum Preis von 2 876,00 €. Der Betrieb des Motorrades wird ihm auf die Dauer zu teuer. Er verkauft es wieder. Dabei verliert er 33 % des Kaufpreises.

Zu welchem Preis hat er das Motorrad verkauft?

29 Ein Tischlermeister kauft folgende Holzschrauben ein:

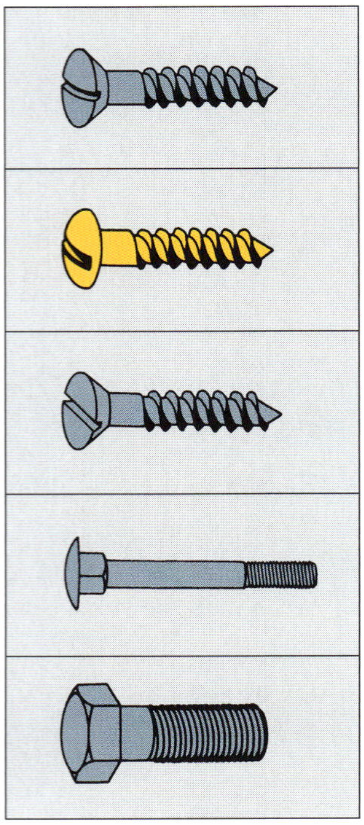

100 Linsenkopfschrauben (Liko) 4 x 30 Stahl,
Einzelpreis: 0,12 €

150 Rundkopfschrauben (Ruko) 4 x 30 Messing,
Einzelpreis: 0,15 €

210 Flachkopfschrauben (Flako) 4 x 30 Stahl,
Einzelpreis: 0,09 €

75 Flachrundschrauben mit Mutter M 8 x 40 Stahl,
Einzelpreis: 0,79 €

50 Stahlsechskantschrauben M 8 x 40,
Einzelpreis: 1,15 €

Er erhält bei seinem Händler 18 % Rabatt.

Wie hoch ist der Rechnungsbetrag?

30 Unsere Schule kauft für die Werkstatt Maschinen im Wert von 12 600,00 €. Die Schule erhält einen Sonderrabatt von $5\frac{1}{4}$ % eingeräumt.

Berechnen Sie den Barzahlungspreis, wenn auf den Rechnungsbetrag noch die Mehrwertsteuer aufgeschlagen wird.

31 Ein Stemmeisen kostet heute 12,00 €. Jedes Jahr verteuert es sich um 3,5 %.

Wie viel € kostet es nach 20 Jahren, nach 40 Jahren, nach 60 Jahren usw., nach 200 Jahren?

Anleitung:
Fertigen Sie zunächst eine Tabelle für die Jahre 1, 2, 3, …, 19, 20 an.
Runden Sie den Preis nach 20 Jahren auf € genau.
Was stellen Sie im Vergleich zum Ausgangspreis fest?

Fertigen Sie nun eine Tabelle für die Jahre 20, 40, 60, …, 180, 200 an.

Weitere Aufgaben zum Prozentrechnen siehe Seite 79–82.

14. Quadrat, Rechteck, Dreieck, Trapez

(Umfang und Flächeninhalt)

1 Dieter und Monika haben jeder eine Wandfläche anzustreichen. Sie werden sich nicht darüber einig, wer am meisten zu streichen hat. Die beiden Flächen sind hier im Maßstab 1:100 abgebildet. 1 cm in der Zeichnung entspricht 1 m in Wirklichkeit (100 cm = 1 m).

M 1:100

a) Zeichnen Sie die beiden Flächen auf ein Blatt.

b) Zeichnen Sie in die Flächen gleich große Kästchen mit 1 cm Länge und 1 cm Breite ein. Fangen Sie dabei jeweils links unten an.

c) Wie viele Kästchen haben Sie bei den beiden Flächen erhalten?
Wer muss mehr streichen?

d) Wie nennt man die Fläche von Dieter, wie die von Monika?
Schreiben Sie die Namen der Flächen unter Ihre Zeichnungen.

2 Das rechteckige Flachdach eines Wohnhauses soll geteert werden. Die Dachfläche ist 19,7 m lang und 14,5 m breit.

Zeichnen Sie die Dachfläche im Maßstab 1:100.
Tragen Sie die Maße ein.

3 Eine Tischtennisplatte wird angefertigt. Sie soll 2,75 m lang und 1,53 m breit werden.

Fertigen Sie eine Skizze im Maßstab 1:10 und eine Skizze im Maßstab 1:20 an.

4

In einer Tischlerei wird ein Schachbrett furniert. Die Seitenlänge beträgt 320 mm. Auf allen Seiten kommt ein Rand von 20 mm hinzu.

a) Fertigen Sie eine Skizze im Maßstab 1:2 an.

b) Wie viele Felder hat ein Schachbrett?

c) Die Felder werden abwechselnd mit hellem und dunklem Furnier belegt. Zeichnen Sie die Felder hell bzw. dunkel.

d) Welche Abmessungen hat jedes einzelne Feld?

Maßeinheiten für Flächenmaße

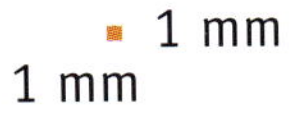

Quadratmillimeter (mm^2)

$1\ mm \cdot 1\ mm = 1\ mm^2$

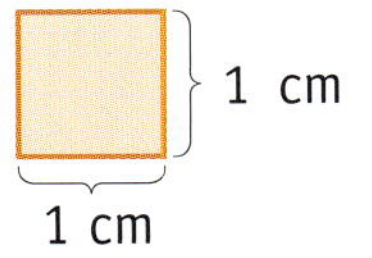

Quadratzentimeter (cm^2)

$1\ cm \cdot 1\ cm = 1\ cm^2$

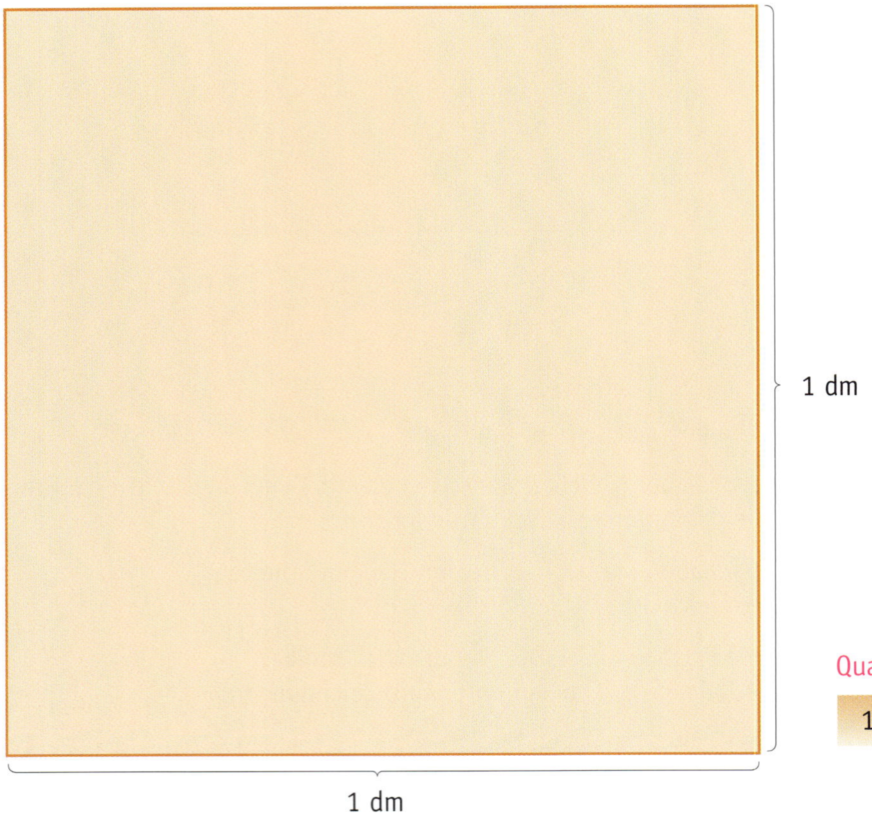

Quadratdezimeter (dm^2)

$1\ dm \cdot 1\ dm = 1\ dm^2$

5 a) Fertigen Sie eine Fläche von einem Quadratmeter (m^2) aus Papier oder Pappe.

$1\ m \cdot 1\ m = 1\ m^2$

b) Wie viele dieser Flächen benötigen Sie, um die Tafel, den Klassenraumboden oder eine Tür damit zu bedecken?

6 Ein Fußballfeld ist 110 m lang und 60 m breit.

a) Überlegen Sie, ob Sie das Fußballfeld am einfachsten im Maßstab 1 : 100 oder im Maßstab 1 : 1000 zeichnen können.

b) Zeichnen Sie das Feld in einem von Ihnen selbst gewählten Maßstab.

7 Das Rechenbuch hat das Papierformat DIN A4.

a) Schätzen Sie die Flächeninhalte von Zeichenblättern der Formate DIN A4, A3, A2, A1 und A0.

b) Messen Sie und überprüfen Sie Ihre Schätzungen durch Rechnen.

Flächeninhalt = Länge mal Breite

Umfang und Flächeninhalt eines Quadrats

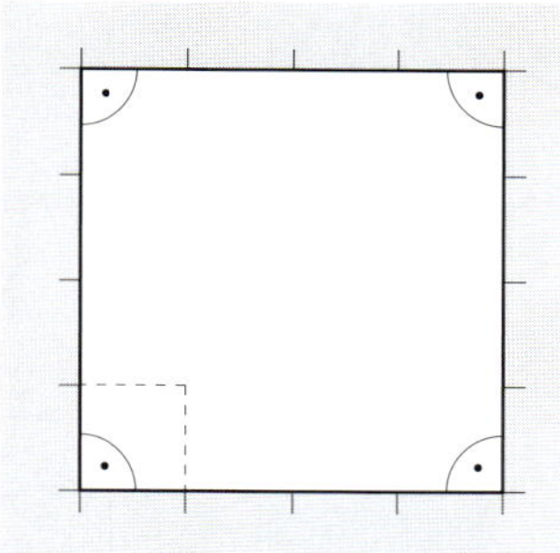

Ein Quadrat ist ein Viereck, bei dem alle Seiten gleich lang und alle Winkel gleich groß sind (es handelt sich um rechte Winkel).

a Seitenlänge, U Umfang, A Flächeninhalt

$U = 4 \cdot a$; $A = a \cdot a = a^2$

(a^2 wird gesprochen: „a Quadrat")

8 Berechnen Sie jeweils den Umfang und den Flächeninhalt für die Quadrate mit folgenden Seitenlängen:

a) 0,75 m
b) 3,08 m
c) 19,50 m
d) 115 m
e) 14,14 m
f) 0,01 m
g) 12,7 cm
h) 25,5 cm

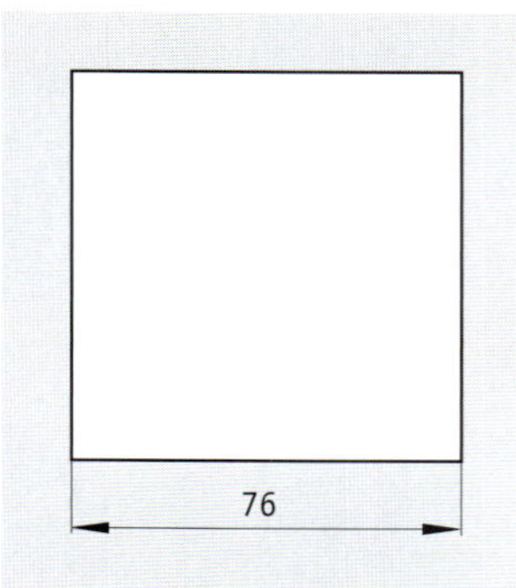

9 a) Wie groß sind U und A des Quadrates in der Abbildung?
Berechnen Sie U in cm und A in cm².

Hinweis: erst umwandeln: 76 mm = 7,6 cm

b) Jede Seite wird um 24 mm verlängert.
Wie groß sind U und A jetzt?

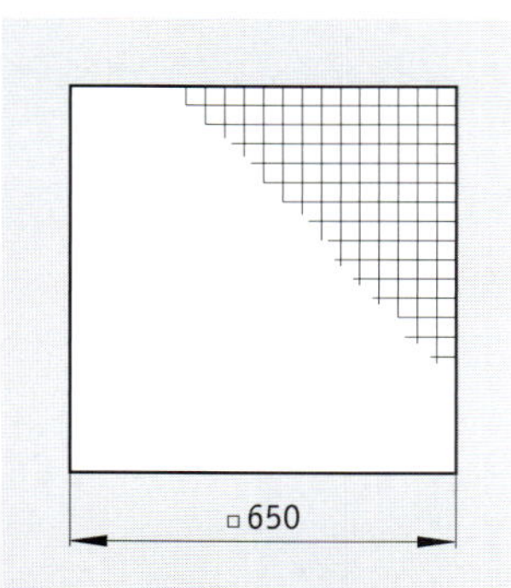

10 a) Berechnen Sie den Flächeninhalt A des Riffelbleches in der Abbildung.

b) Berechnen Sie den Blechbedarf in m² für 5 solcher quadratischer Schachtabdeckungen.

Hinweis: erst umwandeln: 650 mm = 0,65 m

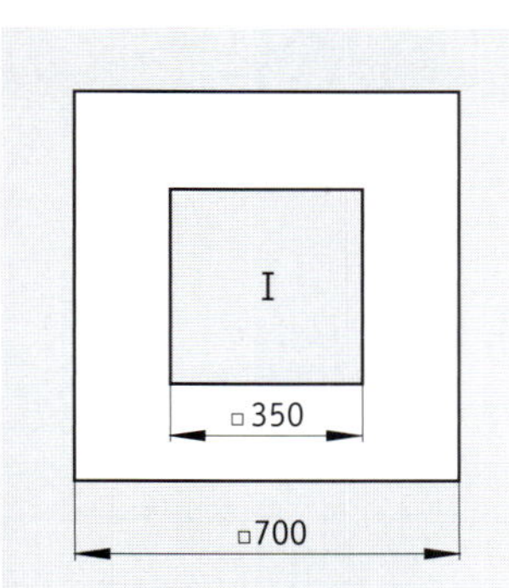

11 Berechnen Sie den Flächeninhalt A der Blechplatte entsprechend der Abbildung in dm².
Der Ausschnitt I ist Verschnitt. Der Kunde soll nur den tatsächlichen Blechbedarf bezahlen.

Berechnen Sie die Kosten für den Kunden, wenn 1 m² Blech 18,40 € kostet.

12 Für ein Fenster werden 6 quadratische Scheiben von 24 cm Seitenlänge zugeschnitten.

Was kosten die Scheiben, wenn 1 m² mit 24,65 € berechnet wird?

Umwandlung von Flächenmaßen

$1\ m^2 = 100\ dm^2$; $1\ dm^2 = 100\ cm^2$; $1\ cm^2 = 100\ mm^2$

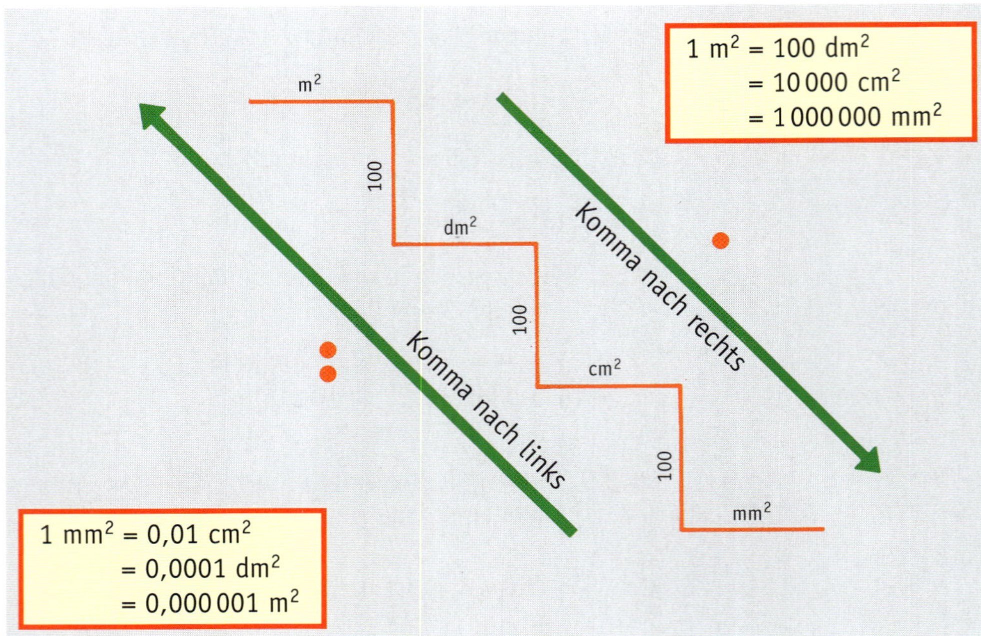

Die Umwandlungszahl für Flächenmaße ist 100.

13 Übertragen Sie die „Treppen" in Ihr Heft und ergänzen Sie die noch fehlenden Zahlen.

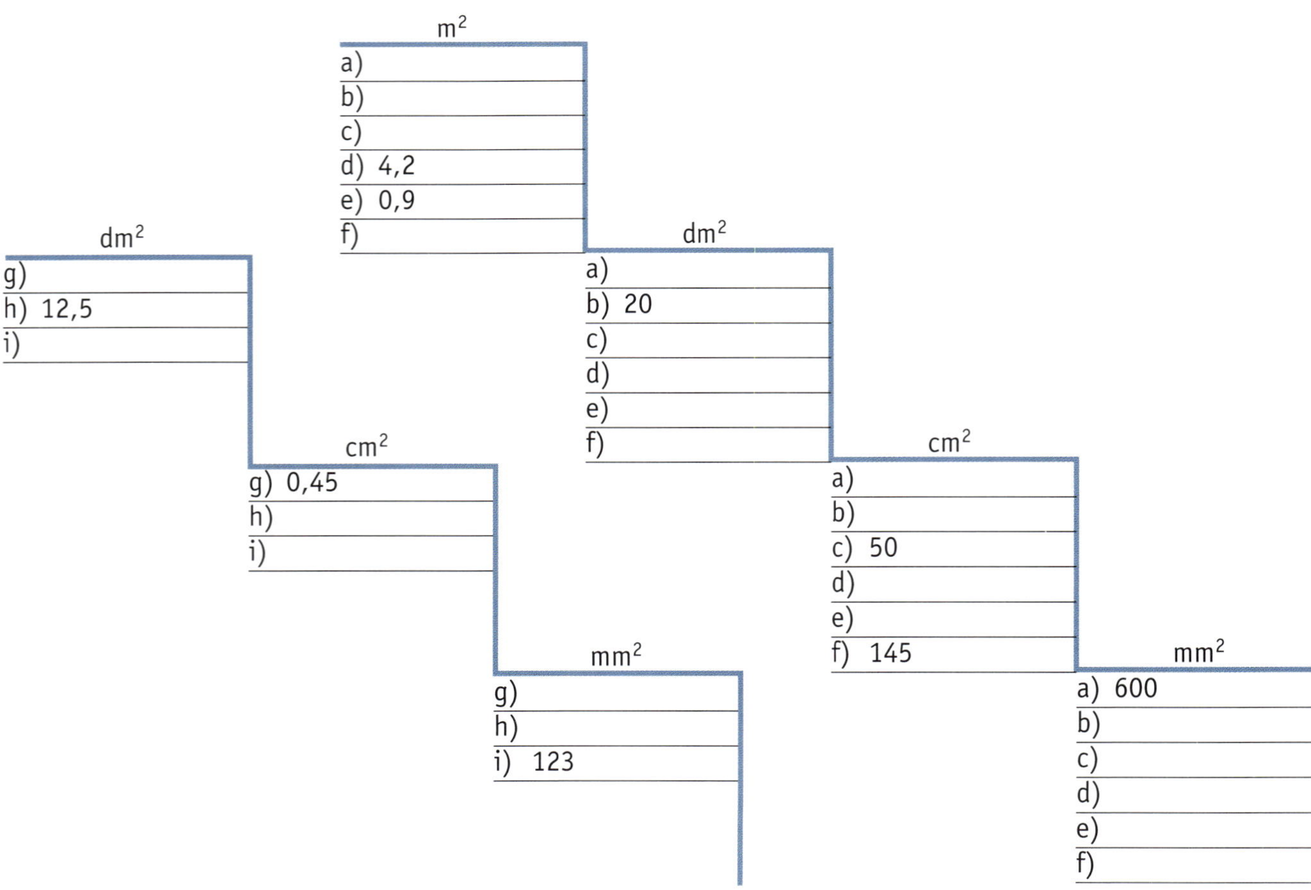

Quadrieren

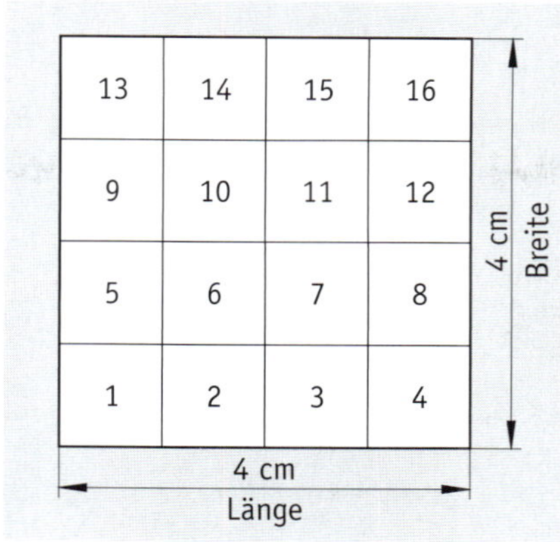

Bei der Berechnung des Flächeninhalts eines Quadrates rechnen wir:

Länge mal Breite

Länge · Breite = Flächeninhalt (*A*)

4 cm · 4 cm = <u>16 cm²</u>

Länge und Breite eines Quadrates sind immer gleich groß.

Multipliziert man eine Zahl mit sich selbst (siehe Beispiel: 4 · 4), so sprechen wir vom **Quadrieren.**

Ein anderes **Beispiel:** 6 · 6 = 36; 36 heißt die **Quadratzahl** von 6.

14 Die Quadratzahlen von 1 bis 12 sollte man im Kopf haben.

Schreiben Sie diese auf.

$1^2 = 1$
$2^2 = 2 \cdot 2 = 4$
$3^2 = 3 \cdot 3 = 9$
$4^2 = \ldots$
.
.
.

15 Ermitteln Sie die Quadratzahlen mithilfe des TR.

a) 21^2	d) 314^2	g) 188^2	j) 25^2
b) 33^2	e) 175^2	h) 320^2	k) 125^2
c) 40^2	f) 28^2	i) 16^2	l) 344^2

16 Berechnen Sie.

Sie können handschriftlich multiplizieren oder mit dem TR arbeiten.

a) $7{,}4^2$	f) $25{,}2^2$	k) $8{,}25^2$	p) $9{,}92^2$
b) $6{,}5^2$	g) $19{,}5^2$	l) $10{,}55^2$	q) $66{,}65^2$
c) $8{,}3^2$	h) $77{,}5^2$	m) $9{,}25^2$	r) $1{,}2345^2$
d) $5{,}5^2$	i) $101{,}5^2$	n) $8{,}33^2$	s) $9{,}99^2$
e) $12{,}6^2$	j) $4{,}75^2$	o) $3{,}75^2$	t) $1{,}001^2$

17 Die Seitenlänge eines Quadrates ist:

a) 35 cm	c) 90 cm	e) 3,20 m	g) 25,75 m
b) 75 cm	d) 1,25 m	f) 125 m	h) 12,3 cm

Berechnen Sie jeweils den Flächeninhalt.

Wurzelziehen

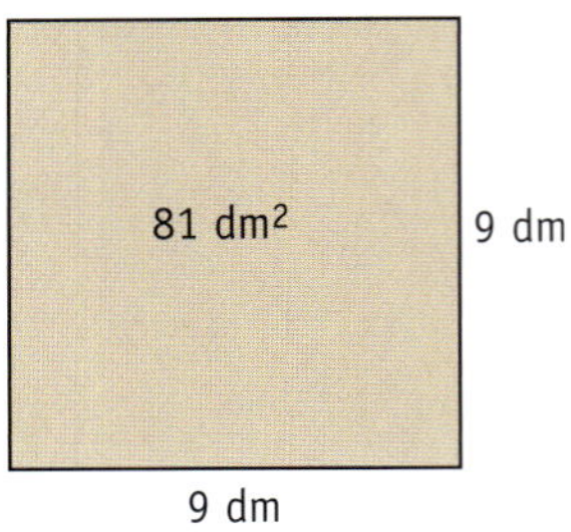

Beispiel:

Ein Tischler soll eine quadratische Tischplatte mit einer Fläche von 81 dm^2 herstellen. Er kennt den Flächeninhalt *A* der Oberfläche der quadratischen Platte. Zur Anfertigung muss er jedoch die Länge und die Breite wissen (bei einem Quadrat gilt: Länge = Breite).
Wie groß ist die Seitenlänge der quadratischen Tischplatte?

Anders gefragt:
Welche Zahl ergibt, mit sich selbst multipliziert, 81?

Diese Zahl nennen wir „Quadratwurzel aus 81" oder kurz „Wurzel aus 81".
Wir schreiben: $\sqrt{81}$. Es gilt: $\sqrt{81} = 9$.

Für unser Beispiel bedeutet das: $\sqrt{81} \cdot \sqrt{81} = 81$; $9 \cdot 9 = 81$.

Antwort: Die Platte hat eine Seitenlänge von 9 dm.

Zur Berechnung von Quadratwurzeln können wir die Taste $\sqrt{x}$ auf dem TR benutzen.

18 Kennen Sie die Quadratzahlen aus Aufgabe **14** auf Seite 55 noch?
Dann können Sie die folgenden Quadratwurzeln im Kopf ausrechnen.

a) $\sqrt{16}$	d) $\sqrt{144}$	g) $\sqrt{121}$	j) $\sqrt{25}$
b) $\sqrt{9}$	e) $\sqrt{49}$	h) $\sqrt{4}$	k) $\sqrt{81}$
c) $\sqrt{36}$	f) $\sqrt{100}$	i) $\sqrt{64}$	l) $\sqrt{169}$

19 Jetzt rechnen Sie am besten mit dem TR.
Runden Sie die Ergebnisse auf zwei Stellen hinter dem Komma.

Beispiel: $\sqrt{30}$
Tastenfolge: [3] [0] [$\sqrt{x}$]
Ergebnis (gerundet): 5,48

a) $\sqrt{40}$	e) $\sqrt{99}$	i) $\sqrt{170}$	m) $\sqrt{441}$
b) $\sqrt{45}$	f) $\sqrt{26}$	j) $\sqrt{125}$	n) $\sqrt{729}$
c) $\sqrt{23}$	g) $\sqrt{80}$	k) $\sqrt{145}$	o) $\sqrt{4624}$
d) $\sqrt{66}$	h) $\sqrt{90}$	l) $\sqrt{375}$	p) $\sqrt{1225}$

20 Der Flächeninhalt einer quadratischen Tischplatte beträgt 6 400 cm^2.

Wie groß ist die Seitenlänge des Tisches?

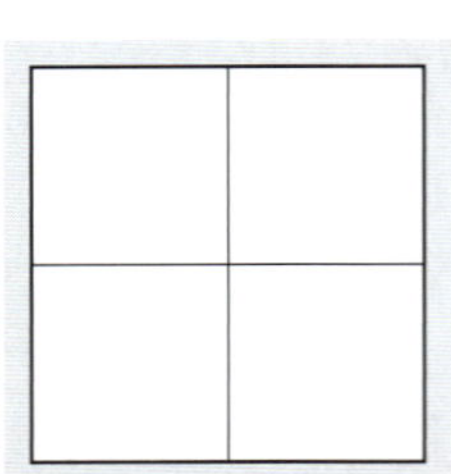

21 Die Abstellfläche eines Blumenhockers besteht aus vier quadratischen Fliesen (siehe Abbildung). Der Flächeninhalt der Abstellfläche ist 900 cm^2.

Wie groß ist eine Fliesenseite?

22 In einem quadratischen Raum wurden 42,25 m^2 Fliesen verlegt.

Wie viele m Fußbodenleisten werden benötigt, wenn für die Tür des Raumes 1 m Fußbodenleisten entfallen?

Flächeninhalt und Umfang eines Rechtecks

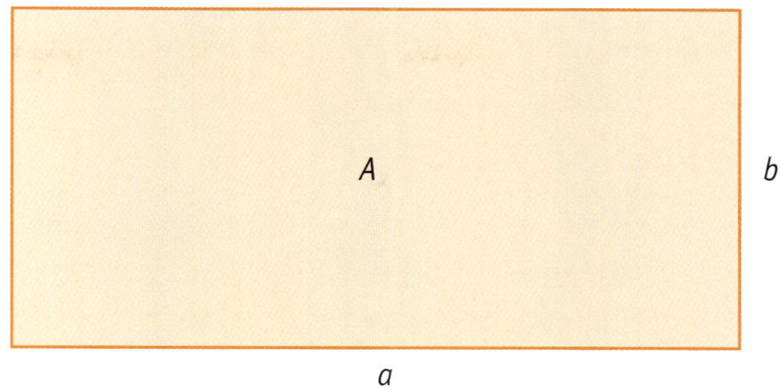

$A = a \cdot b$
$U = 2 \cdot a + 2 \cdot b$

23 Schätzen Sie in Ihrem Klassenraum: den Flächeninhalt der Tür, der Tafel, eines Fensters, einer Wandfläche. Überprüfen Sie Ihre Schätzungen durch Nachmessen und Rechnen.

24 Berechnen Sie den Flächeninhalt *A* des jeweiligen Rechtecks.

a	5 m	15 m	2,75 m	6,05 m	9,08 m	24,45 m
b	3 m	8 m	1,55 m	4,75 m	6,07 m	12,95 m
A	?	?	?	?	?	?

25 Berechnen Sie den Umfang *U* des jeweiligen Rechtecks.

a	4 m	9,6 m	25,40 m	0,52 m	0,45 m	36,80 m
b	2,50 m	7,32 m	18,60 m	0,24 m	0,18 m	28,96 m
U	?	?	?	?	?	?

26

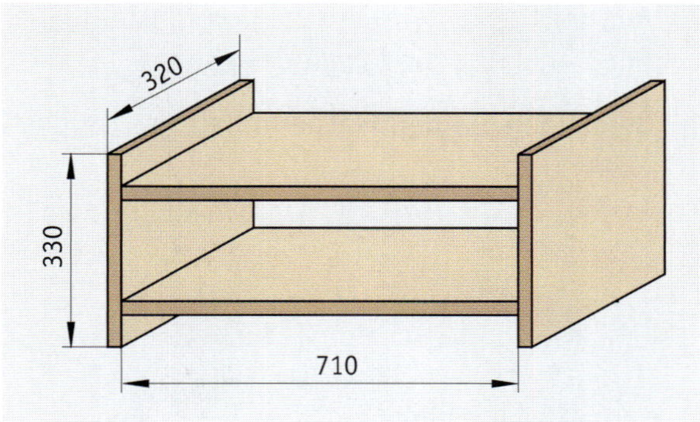

Sie wollen sich ein Phonoregal aus Holzspanplatten (FP 19) anfertigen.

Ermitteln Sie dazu den Plattenbedarf in m^2.

27

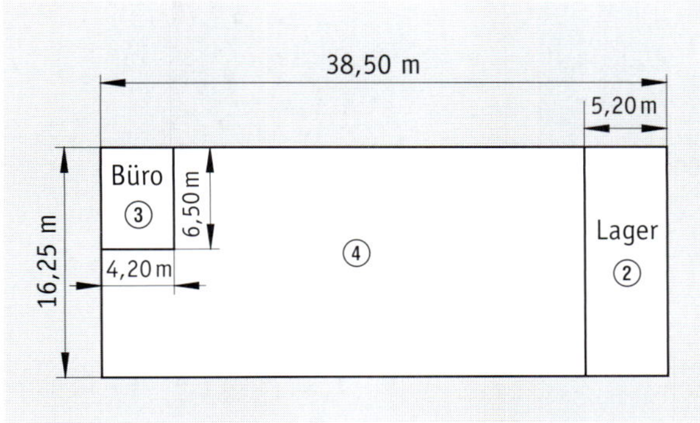

Berechnen Sie in m^2:

a) die Gesamtfläche,
b) die Fläche des Lagers ②,
c) die Fläche des Büros ③,
d) die Fläche der Werkstatt ④.

28 Eine Tischplatte hat eine Länge von 1,14 m und eine Breite von 0,69 m.

Berechen Sie den Flächeninhalt.

29 Ein Haus ist 12,56 m lang und 10,08 m breit.

Wie groß ist die bebaute Fläche?

30 Sie mieten ein Zimmer mit einer Länge von 6,80 m und einer Breite von 4,70 m. Für jeden m^2 verlangt der Vermieter monatlich 5,50 €.

Wie hoch ist Ihre monatliche Miete?

31 Sie schneiden Knotenbleche in quadratischer Form zu. Die Seitenlänge ist 35 cm. Sie sollen 30 Stück schneiden.

Wie groß ist der Blechverbrauch in dm^2?

32

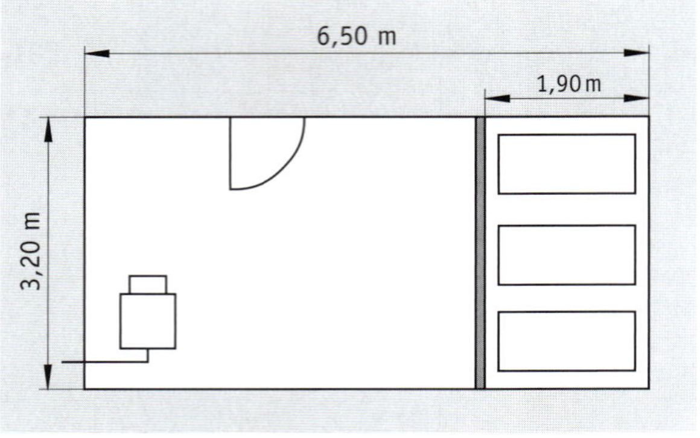

Ein Heizraum hat folgendes Aussehen (siehe Skizze). Das Öllager befindet sich in einem abgetrennten Raum. Es wird nach TÜV-Vorschrift mit drei Anstrichen versehen.

Wie viel m^2 Boden- und Wandfläche müssen im Öllager gestrichen werden, wenn der Schutzanstrich bis 1 m über dem Boden angebracht werden muss?

33

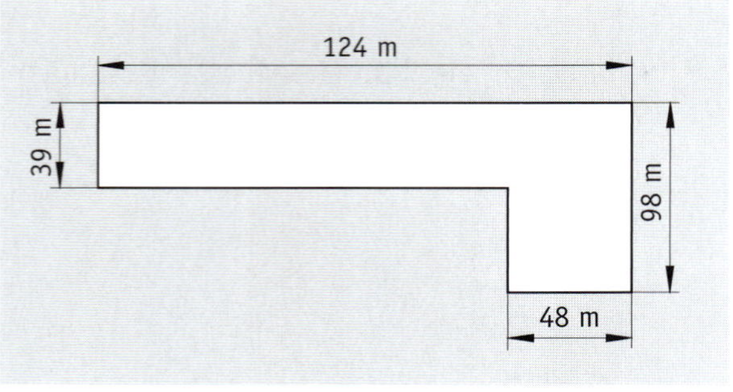

Ein Grundstück hat die hier dargestellte Form:

a) Auf der Grenze wird ein Zaun aufgestellt. Berechnen Sie die Länge des Zaunes.

b) Berechnen Sie den Flächeninhalt des Grundstücks.

34 Ein Buch mit einer Breite von 19 cm, einer Dicke von 6 cm und einer Höhe von 27 cm soll einen Schutzumschlag aus Klebefolie erhalten. Zum Kleben wird ein Rand von 2 cm benötigt. Die Bibliothek hat 12 solcher Bücher einzuschlagen.

Wie viel Folie muss die Bibliothek mindestens kaufen?

35 Die Hoffläche eines Betriebes soll mit Platten ausgelegt werden. Die Platten haben die Maße 60 cm lang und 40 cm breit. Der Hof ist 36 m lang und hat eine quadratische Form.

a) Wie viele Platten müssen beschafft werden?

b) Jede Platte kostet 4,65 €.
Wie viel € müssen bezahlt werden?

Dreieck

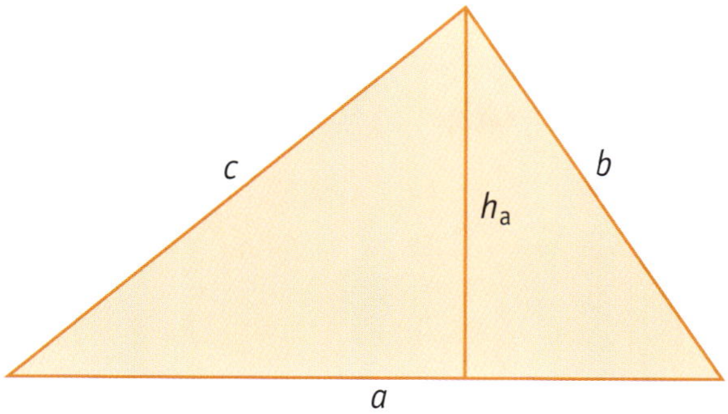

$U = a + b + c$

$$\text{Flächeninhalt} = \frac{\text{Grundlinie} \cdot \text{Höhe über der Grundlinie}}{2}$$

$$A = \frac{a \cdot h_a}{2}$$

a = Grundlinie
h_a = Höhe über der Grundlinie a

36 Berechnen Sie den Flächeninhalt der Dreiecke:

a in m	0,17	19,31	1,08	7,54	0,07	10,04	3,00
h_a in m	0,09	14,96	0,82	7,65	0,1	5,25	2,74
A in m^2	?	?	?	?	?	?	?

37 Berechnen Sie den Flächeninhalt A dieses Hausgiebels.

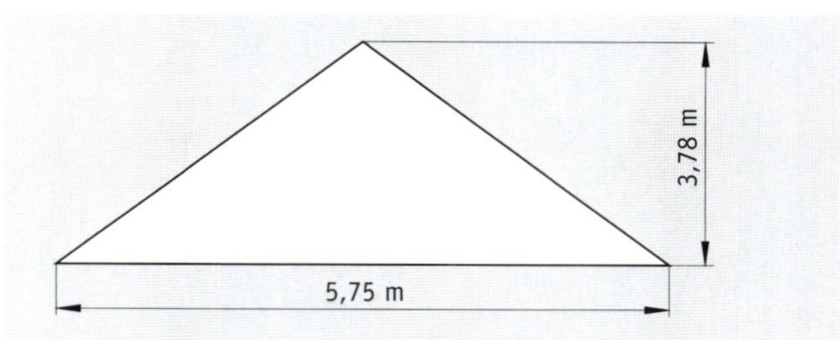

38 Eine halbe Giebelseite eines Hauses (siehe Abbildung) soll gestrichen werden. 01 m^2 Farbe kostet 14,65 €.

Wie hoch werden die Kosten für die Farbe sein?

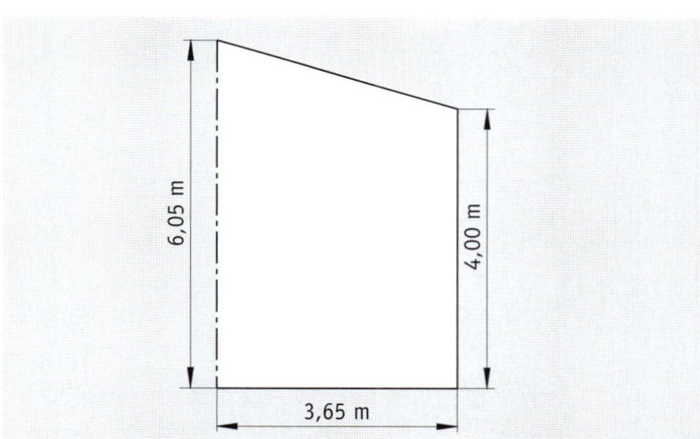

39

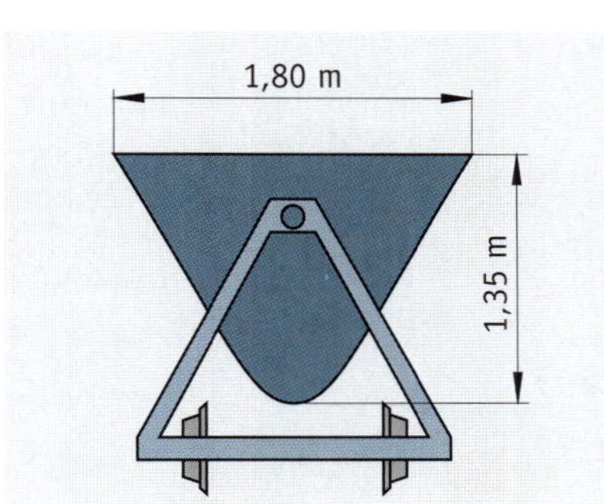

Die Wand einer Kipplore ist nahezu dreieckig. Sie ist 1,80 m breit und 1,35 m hoch.

Berechnen Sie den ungefähren Flächeninhalt A der Stirnwand.

Trapez (gleichschenklig)

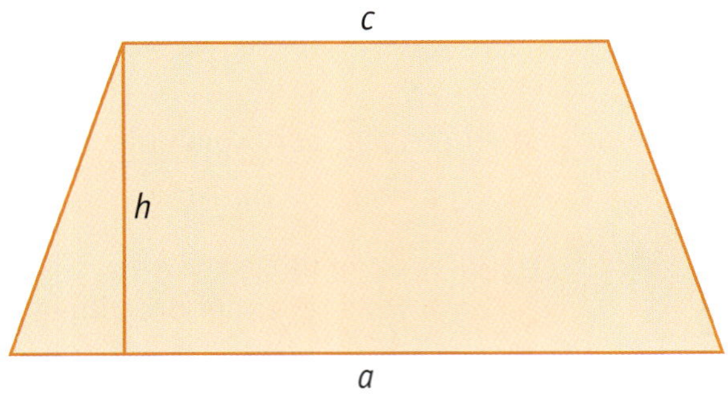

$$\text{Flächeninhalt} = \frac{\text{lange Grundlinie} + \text{kurze Grundlinie}}{2} \cdot \text{Höhe}$$

$$A = \frac{a + c}{2} \cdot h$$

a = lange Grundlinie
c = kurze Grundlinie
h = Höhe

40

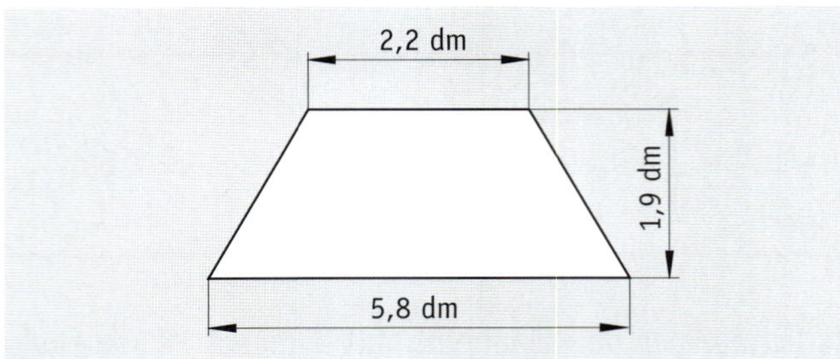

Berechnen Sie die Fläche des gezeichneten Bleches in dm^2.

41

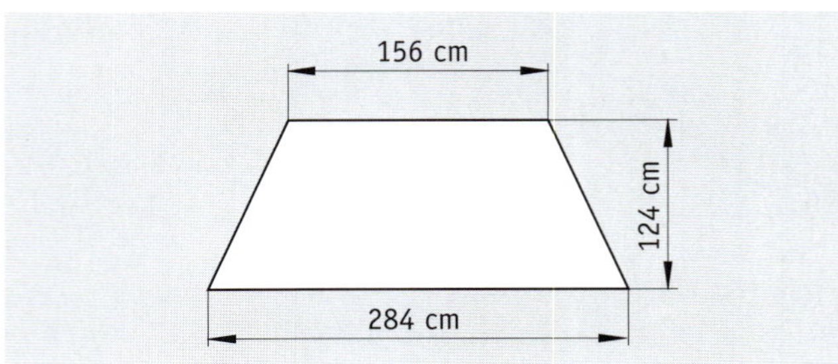

Berechnen Sie die Fußbodenfläche des gezeichneten Erkers.
1 m^2 verlegter Fußboden kostet 16,25 €.

Wie teuer wird der Boden?

42

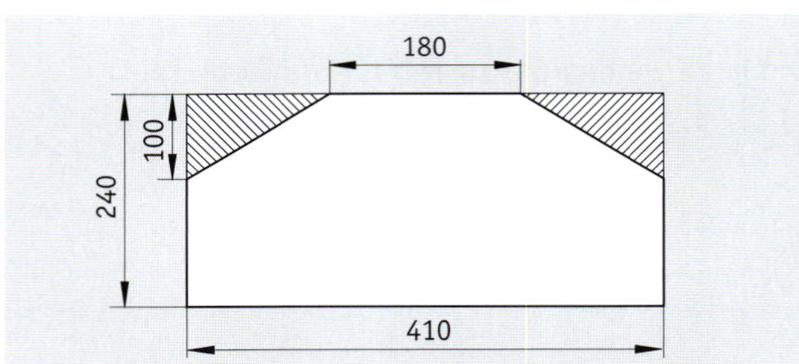

Berechnen Sie die Fläche des Bleches (weiß) und den Abfall (schraffiert) in dm^2 nach nebenstehender Zeichnung (Maßangaben in mm).

43

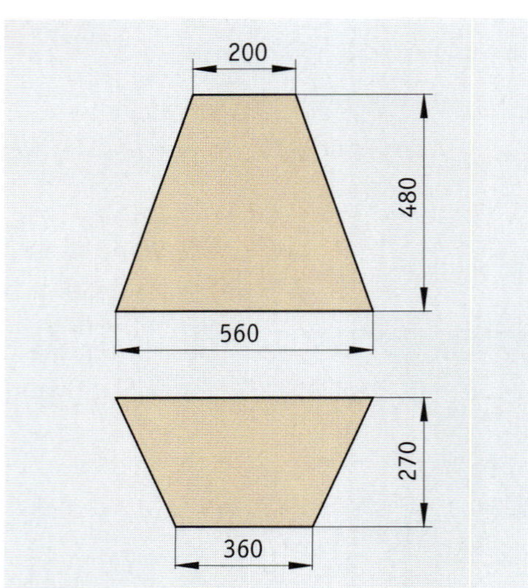

Karl Huber muss zwei Spanplatten nach Zeichnung zuschneiden (Maßangaben in mm).
Es entsteht beim Verarbeiten ein Verschnitt von 25 %.

Wie viel m^2 Spanplatte muss er aus dem Lager holen, um die beiden Platten herzustellen?

Hinweis zum Verschnitt:
Der errechnete Flächeninhalt ist der Grundwert.

15. Kreis (Umfang und Flächeninhalt)

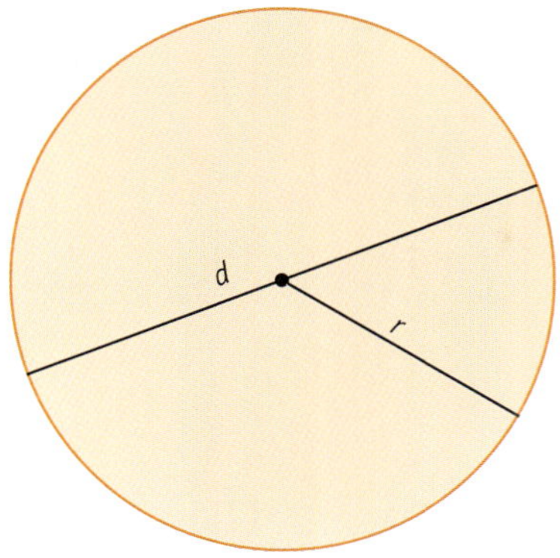

d Durchmesser

r Radius (Halbmesser)

$r = \frac{d}{2}$

Aufgabe
Übertragen Sie die nebenstehende Tabelle auf ein Blatt und füllen Sie die Lücken aus.

	Schätzen	Messen		Rechnen	
	Umfang in cm	Durchmesser d in cm	Umfang U in cm	$U:d$	r
Dose	?	?	?	?	?
Flasche (Boden)	?	?	?	?	?
CD	?	?	?	?	?
Papierkorb	?	?	?	?	?

Kreisumfang

$U = 2 \cdot r \cdot \pi = d \cdot \pi$

$U \approx d \cdot 3{,}14$

π (gesprochen „Pi") nennt man die **Kreiszahl.**
$\pi = 3{,}141592...$

1 Für einen Adventskranz sollen Sie einen Haselnussstock schneiden. Der mittlere Durchmesser des Kranzes soll 0,60 m werden.

Wie lang muss der Stock mindestens sein?

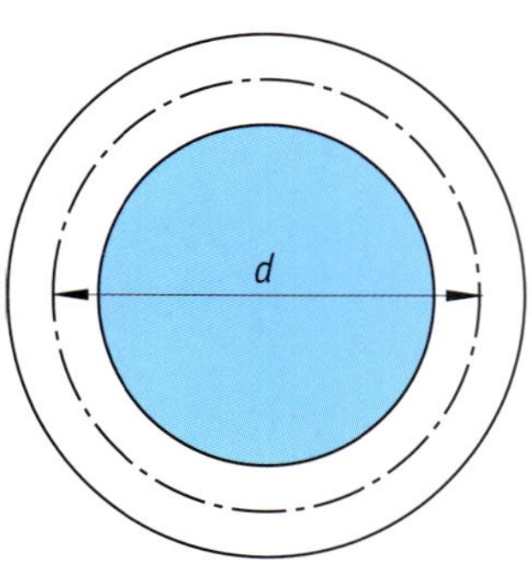

2 Es werden Betonrohre verlegt (d = 1,20 m). Als Dichtung wird ein Teerstrick verwendet.

Wie viele m Teerstrick müssen Sie für eine Dichtung abschneiden?

3 Sie müssen um ein rundes Schwimmbecken einen Graben ausheben. Der mittlere Durchmesser d beträgt 12 m. Für den laufenden m erhalten Sie 8,65 €.

Wie viel € verdienen Sie bei dieser Arbeit?

4 Um einen runden Tisch (d = 1,20 m) soll Umleimer geklebt werden.

Wie viel m Material braucht man?

5 Um einen runden Teich (d = 36 m) soll in einem Abstand von 0,5 m ein Zaun gezogen werden.

Wie viele m Maschendraht muss man einkaufen?

6 Ein Leichtathletikstadion hat die nebenstehende Form.

a) Wie viele m legt ein Läufer in einer Runde zurück?

b) Wie viele m läuft er bei $2\frac{1}{2}$ Runden?

c) Wie viele Runden muss ein 5000-m-Läufer zurücklegen?

d) Marathonläufe werden nicht im Stadion ausgetragen. Wie viele Runden müsste ein Marathonläufer in einem Stadion zurücklegen?

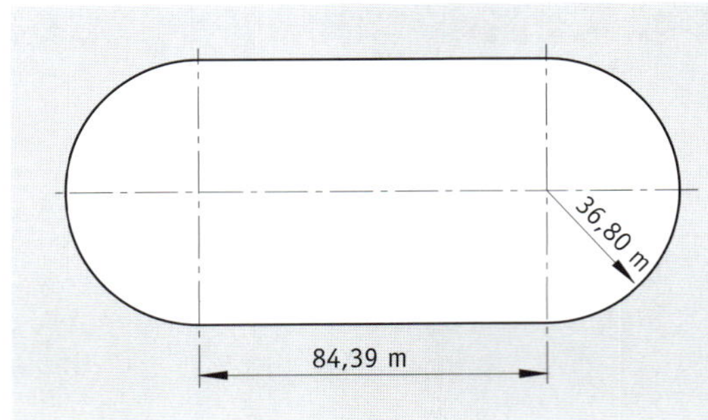

Umfang und Flächeninhalt eines Kreises

$U \approx d \cdot 3{,}14$

Flächeninhalt ≈ Radius mal Radius mal 3,14

$A = r \cdot r \cdot \pi = r^2 \cdot \pi$

$$A = \frac{d}{2} \cdot \frac{d}{2} \cdot \pi = \frac{d \cdot d}{2 \cdot 2} \cdot \pi = \frac{d^2}{4} \cdot \pi$$

$$A = d^2 \cdot \frac{\pi}{4}$$

Techniker verwenden: $A \approx d^2 \cdot 0{,}785$

7 Übertragen Sie die nebenstehende Tabelle in Ihr Heft und füllen Sie sie aus.

d	2 m	14 cm	160 m	0,68 m	2,65 m	26,01 m
U	?	?	?	?	?	?
r	?	?	?	?	?	?
A	?	?	?	?	?	?

8 Um einen kreisrunden Turm von 26 m Durchmesser muss ein Maurer ein Masseband aus Zink legen.

Wie lang muss dieses Band werden?

9 Eine kreisrunde Tischplatte (Durchmesser: 2,20 m) soll furniert werden.

Wie viel Material in m² wird benötigt?

10 Berechnen Sie die Materialfläche (braun) eines Wasserrohres in mm².

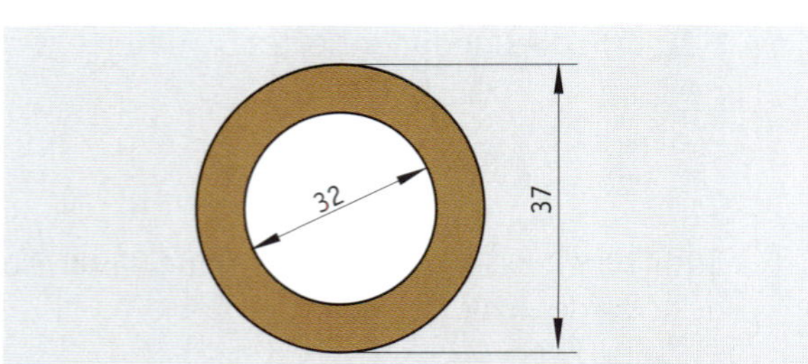

11 In einem quadratischen Raum wird die Decke in der Mitte nicht gestrichen (schraffiert).

Wie viel m² sind zu streichen?

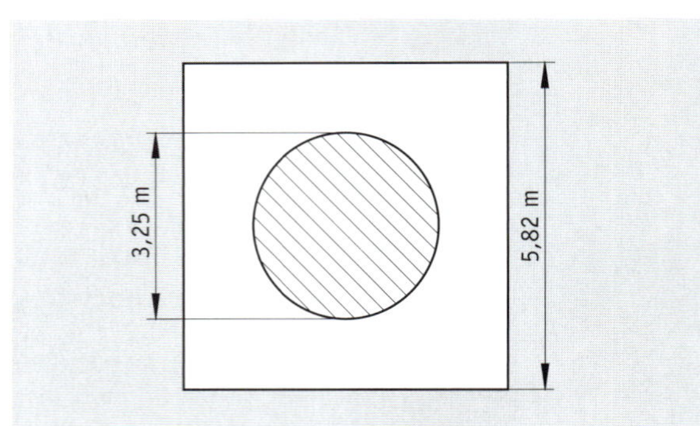

12 Das Holz für sechs runde Tische soll gekauft werden. Jede Tischplatte hat einen Durchmesser von 1,35 m. Der Verschnitt muss mit 45 % berücksichtigt werden. 1 m² Holz kostet 9,85 €.

Berechnen Sie den Rechnungsbetrag.

16. Zusammengesetzte Flächen

1 a) Zeichnen Sie das Bild ab und malen Sie die Flächen farbig aus. Nehmen Sie für die jeweils zu berechnende Fläche eine andere Farbe: Quadrat – rot, Rechteck – gelb, Dreieck – blau, Kreis – grün.

b) Berechnen Sie den Verbrauch von Furnier, wenn dieses Bild als Einlegebild hergestellt werden soll und der Maßstab 1 : 10 ist.

2 Ein Deckendurchbruch, durch den Schläuche geführt werden, soll mit der abgebildeten Abdeckplatte gesichert werden.

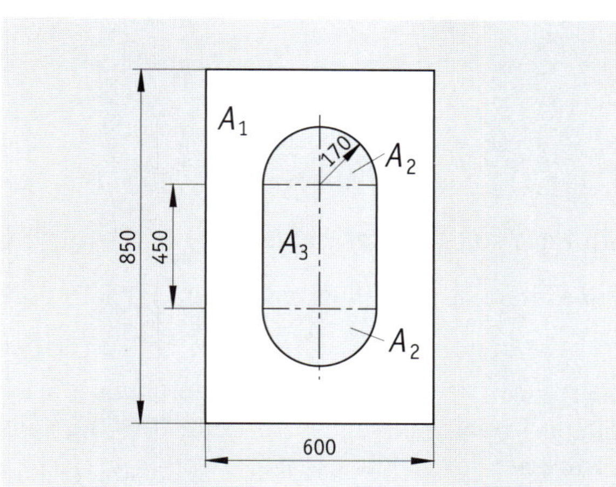

Berechnen Sie den Flächeninhalt A dieser Platte.

(Anleitung: $A = A_1 - 2A_2 - A_3$)

3 Für eine Bandsäge wird eine Schutzvorrichtung angefertigt.

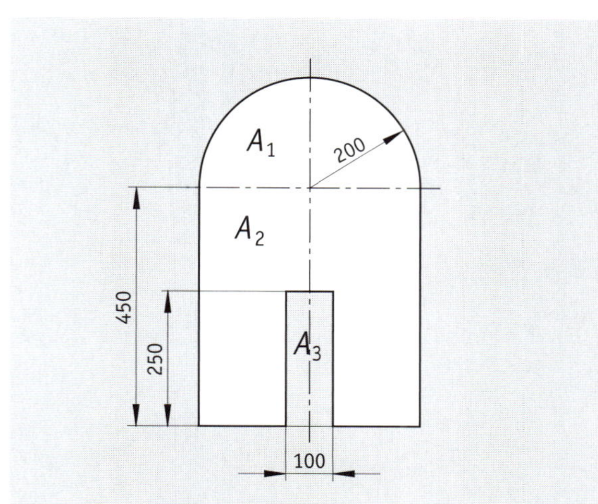

Ermitteln Sie den Blechbedarf A für die abgebildete Vorderansicht.

(Anleitung: $A = A_1 + A_2 - A_3$)

4 Folgende Räume sollen mit Fußboden versehen werden:
2 Räume 3,50 m x 4,20 m,
3 Räume 4,50 m x 5,00 m,
1 Raum 2,50 m x 4,00 m.

Berechnen Sie den Fußbodenbedarf in m^2 und die Länge der Fußleisten, wenn in jedem Raum eine Tür von 1,10 m Breite ist.

5

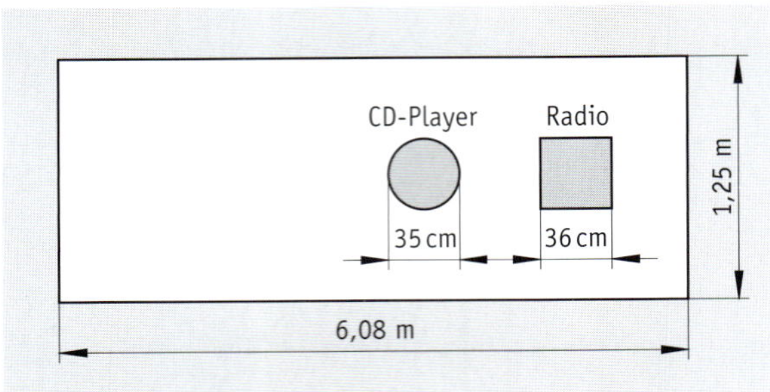

In einer Kellerbar wird eine Theke eingerichtet. Ein CD-Player und ein Radio sollen in die Tischplatte eingebaut werden. Die Schnittkanten der Platte und der Ausschnitte werden mit einem Klebeband umklebt.

a) Berechnen Sie den Holzbedarf in m^2 und den Abfall in dm^2, der durch die Ausschnitte für CD-Player und Radio entsteht.
b) Wie viele m Klebeband werden benötigt?

6

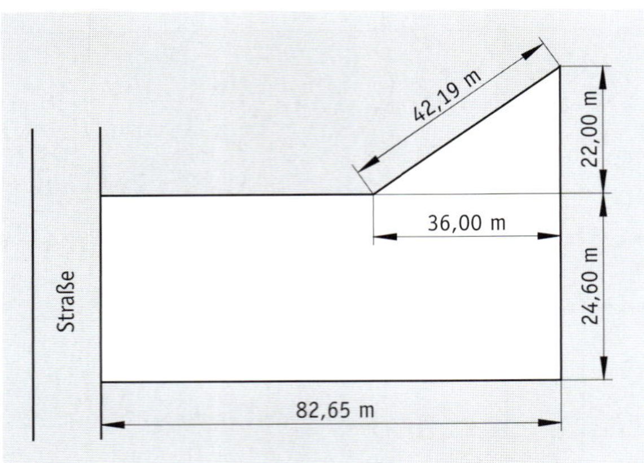

a) Für einen Bauplatz (siehe Skizze) muss ein m^2-Preis von 87,50 € bezahlt werden.
Wie teuer ist der Bauplatz?
b) Das Grundstück soll eingezäunt werden.
Wie viele m Maschendraht müssen gekauft werden?
c) Auf dem Grundstück wird ein Haus mit einer Grundfläche von 115 m^2 errichtet.
Wie viel Platz ist noch für die Außenanlage vorhanden?

7

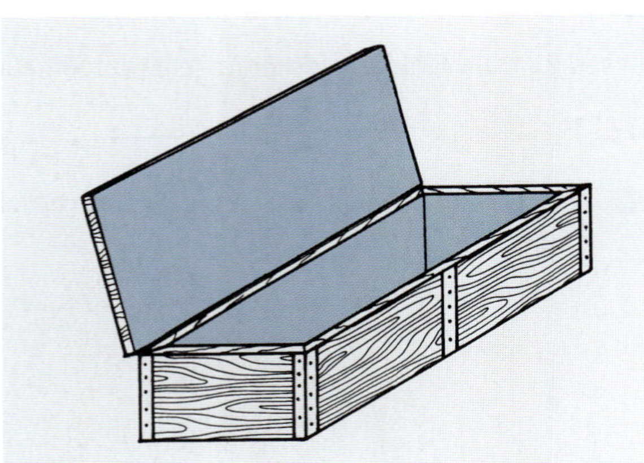

Alle Innenflächen einer Holzkiste sollen für einen Seetransport mit Zinkblech ausgeschlagen werden.

Der Boden und der Deckel haben den gleichen Bedarf. Berücksichtigen Sie einen Verschnitt von 20 %.

Innenmaße:
Länge: 1,20 m, Breite: 0,60 m, Höhe: 0,30 m.

Ermitteln Sie den Blechbedarf in m^2.

8

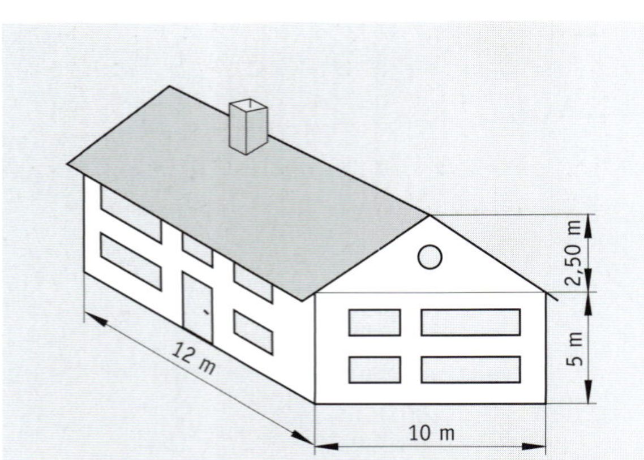

Ein Haus soll verputzt werden.

Berechnen Sie den Preis, wenn 1 m^2 Putz 15,60 € kostet.

Nach VOB (**V**ergabe- und Vertrags**o**rdnung für **B**auleistungen) werden dabei Fenster- und Türöffnungen nicht berücksichtigt.

9

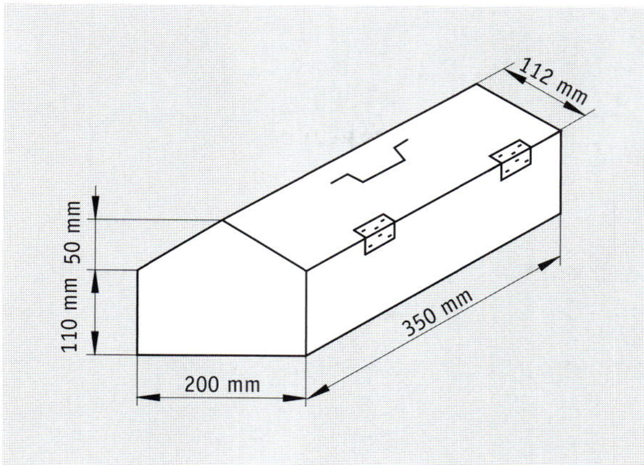

Berechnen Sie den Blechbedarf für den abgebildeten Werkzeugkasten unter Berücksichtigung von 20 % Verschnitt.

10

Der zylindrische Schirm einer Stehlampe soll neu bespannt werden.

Berechnen Sie den Bedarf an Lampenschirmstoff, wenn Sie mit 25 % Verschnitt rechnen müssen.

Maße:
Durchmesser der Lampe: 0,50 m
Höhe des Lampenschirmes: 0,25 m.

11

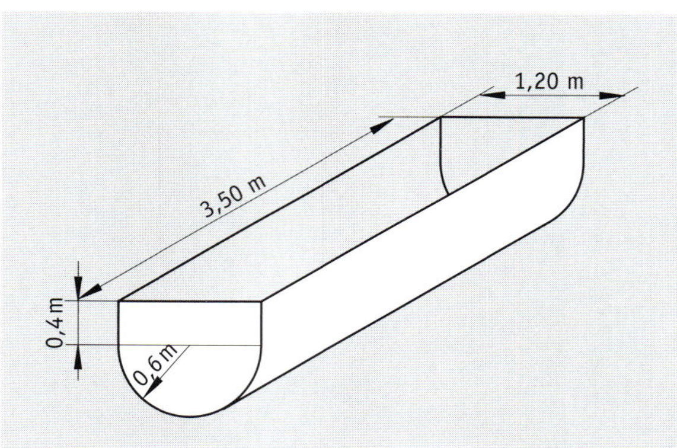

Die abgebildete Wanne soll mit wasserundurchlässiger Folie ausgeschweißt werden.

Berechnen Sie den Bedarf in m^2 bei einem Verschnitt von 15 %.

12

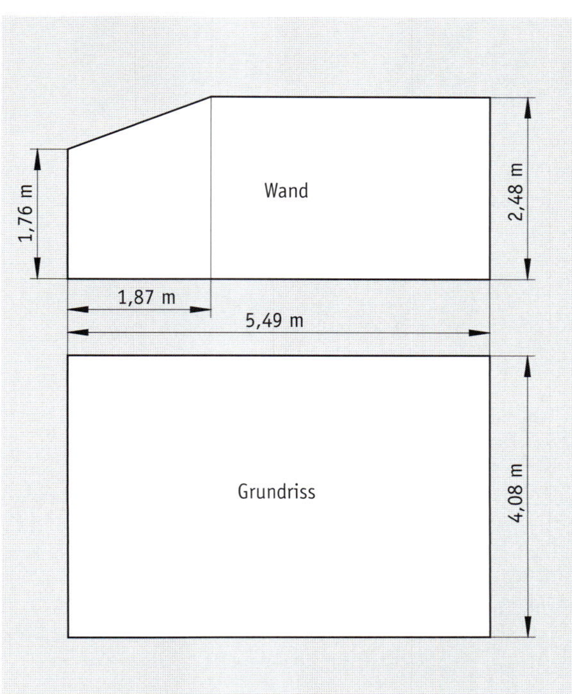

Ein Zimmer soll renoviert werden.
Die Maße des Zimmers sind aus der Skizze zu entnehmen.

Berechnen Sie:

a) den Bedarf an Fußbodenbelag und die Kosten (pro m^2 13,75 €);

b) den Tapetenbedarf (Türen, Fenster, Verschnitt und die Decke bleiben unberücksichtigt) und die Kosten (pro m^2 1,80 €);

c) die laufenden Meter Fußleisten und die Kosten (pro m 2,80 €);

d) die Gesamtkosten für die Renovierung.

17. Volumenberechnungen

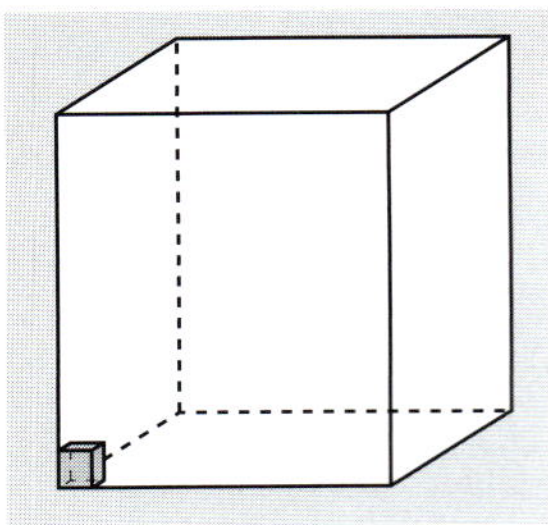

1 a) Fertigen Sie in der Klasse einen Würfel aus Pappe mit der Kantenlänge 1 m an. Lassen Sie den Würfel oben offen!

b) Fertigen Sie außerdem Würfel mit der Kantenlänge 1 dm an.

c) Wie viele kleine Würfel (Kantenlänge 1 dm) wären erforderlich, um den Boden des großen Würfels (Kantenlänge 1 m) ganz zu bedecken?

d) Wie viele kleine Würfel passen insgesamt in den großen Würfel?

Volumenmaße:

Kubikmillimeter	(mm^3)
Kubikzentimeter	(cm^3)
Kubikdezimeter	(dm^3)
Kubikmeter	(m^3)

$1\ m^3$	=	$1000\ dm^3$
$1\ dm^3$	=	$1000\ cm^3$
$1\ cm^3$	=	$1000\ mm^3$
1 Liter (l)	=	$1\ dm^3$
1 Milliliter (ml)	=	$1\ cm^3$

$1\ m^3 = 1\,000\ dm^3$
$= 1\,000\,000\ cm^3$
$= 1\,000\,000\,000\ mm^3$

Die Umwandlungszahl für Volumenmaße ist 1000.

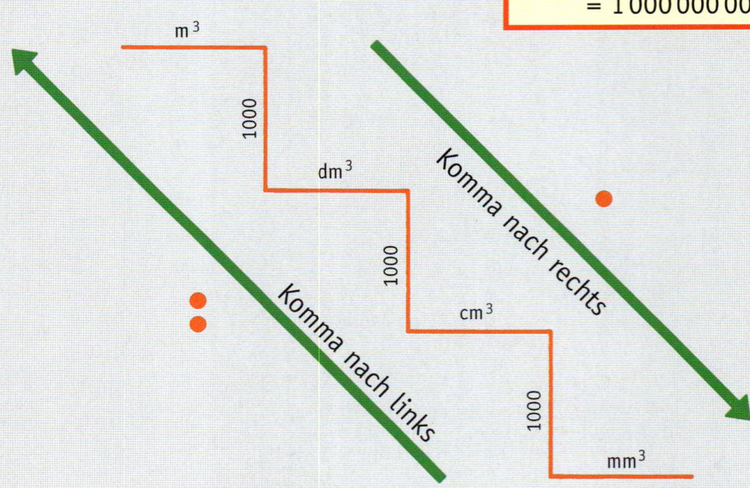

$1\ mm^3 = 0{,}001\ cm^3$
$= 0{,}000\,001\ dm^3$
$= 0{,}000\,000\,001\ m^3$

2 Schätzen Sie das Volumen folgender Gegenstände:
einer Kaffeetasse, einer Konservendose, eines Kochtopfes, eines Eimers.

Überprüfen Sie Ihre Schätzungen durch Einfüllen von Wasser.

Benutzen Sie zur Kontrolle einen Messbecher.

3 Übertragen Sie die folgende Tabelle in Ihr Heft und füllen Sie die Lücken aus.

m^3	2	?	?	?	0,35	?
dm^3	?	?	?	98	?	8,6
cm^3	?	?	4225	?	?	?
mm^3	?	70 865	?	?	?	?

4 Jeder Arbeitsraum muss je beschäftigter Person mindestens 15 m^3 Luftraum aufweisen.

Wie viele Personen dürfen ständig in einem Raum beschäftigt werden, der folgende Maße hat:
Länge 5,40 m, Breite 4,60 m, Höhe 3,20 m?

5 Herr Müller lässt den tropfenden Wasserhahn im Badezimmer nicht reparieren. Pro Tag gehen dadurch etwa 15 l Wasser verloren.

a) Wie viel l Wasser gehen dadurch in einem Jahr (365 Tage) verloren?

b) Herr Müller muss an Wasser- und Kanalgebühren zusammen 4,15 € pro m^3 Wasser bezahlen.
Wie viel € Verlust hat Herr Müller durch den tropfenden Hahn in einem Jahr?

6 Sie sollen eine Rechnung über eine Holzlieferung aufstellen.

Geliefert werden:
3 Bohlen Esche, Preis je m^3 670,00 €,
jeweils Länge 4,70 m, Breite 38 cm, Dicke 80 mm;

2 Bohlen Eiche, Preis je m^3 1280,00 €,
jeweils Länge 5,20 m, Breite 62 cm, Dicke 60 mm;

6 Bohlen Kiefer, Preis je m^3 440,00 €,
jeweils Länge 7,25 m, Breite 52 cm, Dicke 45 mm.

a) Stellen Sie den Rechnungsbetrag fest.

b) Schreiben Sie die Rechnung.

7 Sie gehen einkaufen und bringen folgende Waren mit nach Hause:

zwei Konservendosen Erbsen zu je 850 ml,
eine Flasche Putzmittel 400 ml,
eine Flasche Weichspüler 4 l,
drei Dosen Hautcreme zu 39 cm^3, 54 cm^3 und 145 cm^3,
einen Kasten Limonade (12 Flaschen zu je 0,7 l).

Berechnen Sie, welchen Inhalt in Liter die Kaufgegenstände insgesamt haben.

Rechteckige Säulen

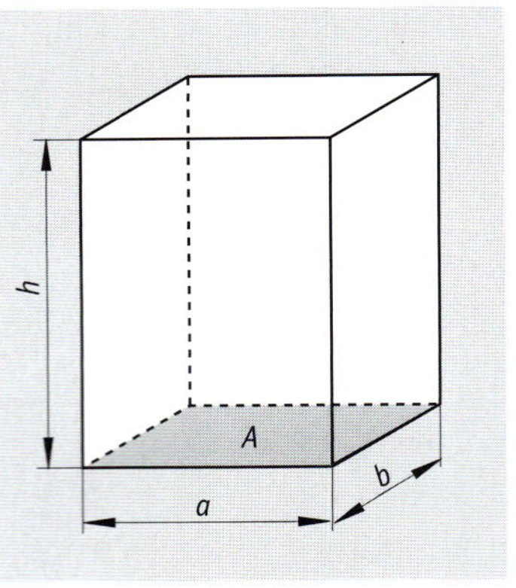

Rauminhalt = Flächeninhalt · Höhe

$V = A \cdot h$

Rechtecksäule: $V = a \cdot b \cdot h$
a und b Längen der Grundseiten
h Höhe des Körpers

Würfel: $V = a \cdot a \cdot a = a^3$

Beispiel 1: Ein Zaunpfahl wird aus Beton gegossen:
$a = 0{,}14$ m, $b = 0{,}12$ m, $h = 1{,}25$ m.
Wie viel Beton (in m³) ist nötig?

Rechnung: $V = A \cdot h$
$V = a \cdot b \cdot h$
$V = 0{,}14\ \text{m} \cdot 0{,}12\ \text{m} \cdot 1{,}25\ \text{m}$
$\mathbf{V = 0{,}021\ m^3}$

Antwort: Für den Zaunpfahl ist 0,021 m^3 Beton nötig.

Beispiel 2: Berechnen Sie das Volumen eines Würfels mit der Kantenlänge $a = 15$ cm.

Rechnung: $V = A \cdot h$ ($h = a$ bei einem Würfel)
$V = a \cdot a \cdot a$
$V = 15\ \text{cm} \cdot 15\ \text{cm} \cdot 15\ \text{cm}$
$\mathbf{V = 3375\ cm^3}$

Antwort:
Der Würfel hat ein Volumen von 3375 cm^3 = 3,375 dm^3 = 3,375 l.

8 Von einem Vierkantstahl 60 x 60 wird ein Würfel abgeschnitten.

Wie groß ist das Volumen (in cm^3)?

9 Welches Volumen (in m^3) hat ein würfelförmiges Kühlfach ($a = 0{,}45$ m)?

10 Ein rechteckiger Wasserbehälter mit den Maßen 0,8 m, 0,45 m, 1,5 m soll mit Wasser gefüllt werden.

Wie viel m^3 Wasser kann er fassen?

11 Ein rechteckiges Schwimmbecken hat die folgenden Maße:
Länge 25,00 m, Breite 16,80 m, Tiefe 3,55 m.

Wie viel m^3 Wasser fasst dieses Becken, wenn es randvoll ist?

12 Wie viel kg wiegt eine Bohle von 5,25 m Länge, 0,42 m Breite und 0,06 m Dicke

a) aus Eiche (Dichte 0,92 g/cm^3),
b) aus Buche (Dichte 0,72 g/cm^3)?

$V = A \cdot h$

$V = \frac{a \cdot h_a}{2} \cdot h$

13

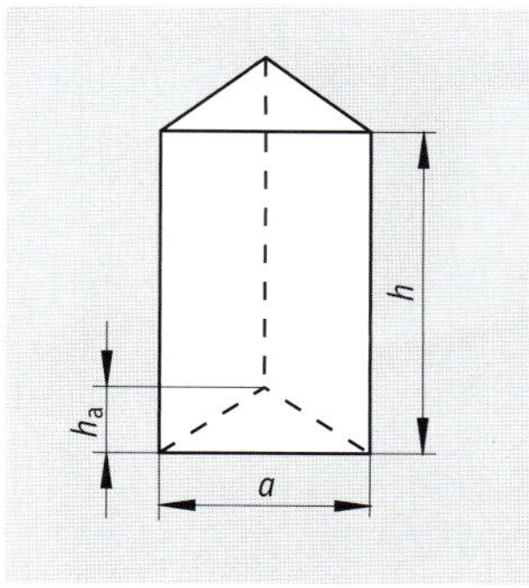

Ein dreikantiger Schokoladenriegel hat die folgenden Abmessungen:

a = 3 cm
h_a = 2,6 cm
h = 12 cm

a) Berechnen Sie den Rauminhalt des Riegels.
b) Benennen Sie den abgebildeten Körper.

14 Wie viel l Wasser fasst eine moderne Blumenvase mit einer dreieckigen Grundfläche und den Maßen: a = 8 cm, h_a = 12 cm, h = 20 cm?

$V = A \cdot h$

$V \approx d^2 \cdot 0{,}785 \cdot h$

15

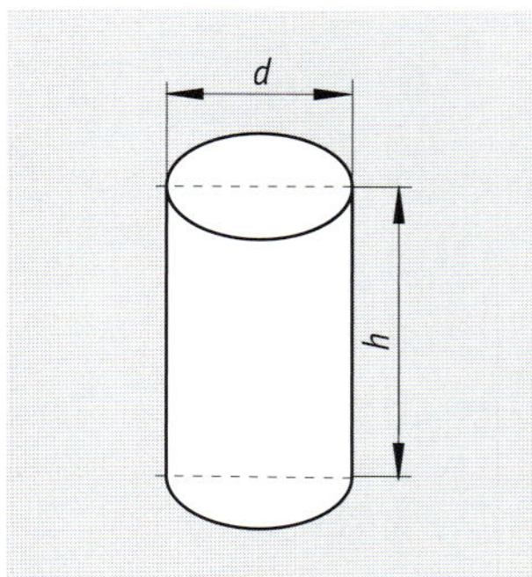

a) Ein zylindrischer Behälter soll mit Öl gefüllt werden.

Maße:
d = 30 cm
h = 45 cm

Wie viel l Öl können eingefüllt werden?

b) Wie viel l Öl fasst ein zylindrischer Behälter mit r = 20 cm und h = 45 cm?

16 Eine Konservendose hat einen Durchmesser von 7,5 cm und eine Höhe von 11 cm.

Wie viel l Konserven enthält die Dose?

17 Es soll ein Brunnen mit einem Durchmesser von 2,50 m und einer Tiefe von 6,75 m ausgehoben werden.

Wie viel m^3 Erdreich müssen abtransportiert werden?

18 Die Schalung eines zylindrischen Brückenpfeilers (d = 10,50 m) mit einer Höhe von 37,50 m wird mit Beton ausgegossen.

Wie viel m^3 Beton sind nötig?

19 Ein zylindrischer Wasserbehälter ist 35 cm hoch. Er hat einen Durchmesser von 24 cm.

Wie viel Liter Wasser gehen in diesen Behälter?

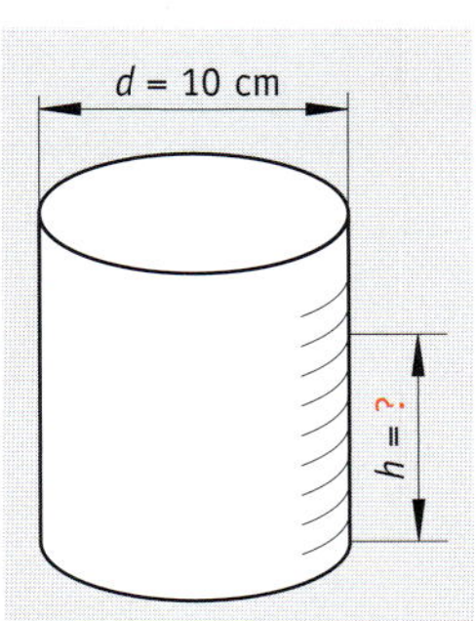

20 Ein zylindrischer Messbehälter mit einem Durchmesser von 10 cm soll 1 Liter fassen.

In welcher Höhe muss die Messmarke „1 l" angebracht werden?

21

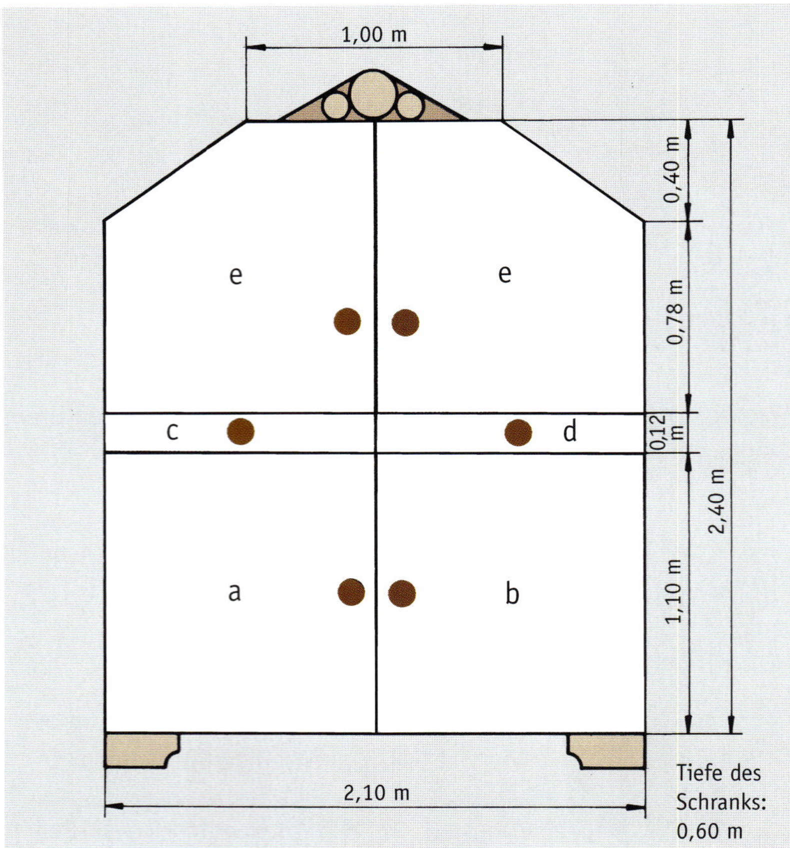

Malermeister Hartmann hat auf seinem Boden einen alten Küchenschrank gefunden. Er will seine Waren darin einräumen. Nun beauftragt er seinen Auszubildenden Fritz, auszurechnen, wie viele Artikel (Anzahl) jeweils in das entsprechende Fach passen.
Überlegen Sie vor dem Ausrechnen, wie die Artikel am besten gestapelt werden, damit möglichst viele in die jeweiligen Fächer passen.

Fach a

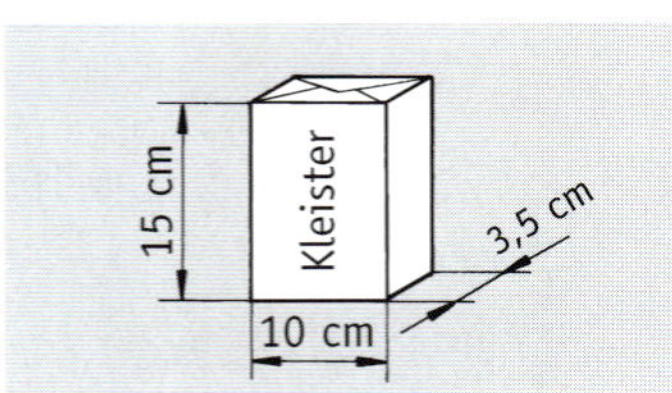

Pakete mit Kleister

Jedes Paket hat die folgenden Maße
Länge: 10 cm
Breite: 3,5 cm
Höhe: 15 cm

Fach b

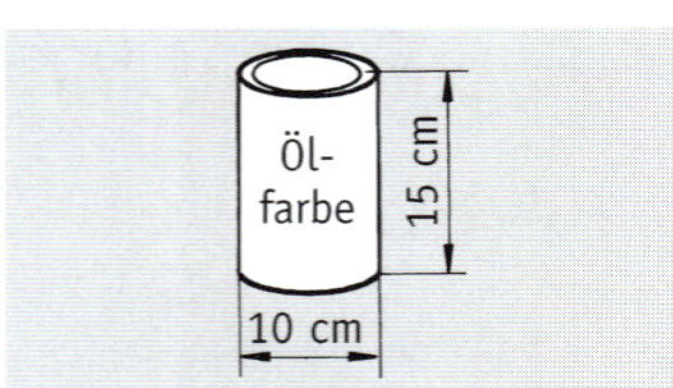

Dosen mit Ölfarbe

Jede Dose hat einen Durchmesser von 10 cm und eine Höhe von 15 cm.

Fach c

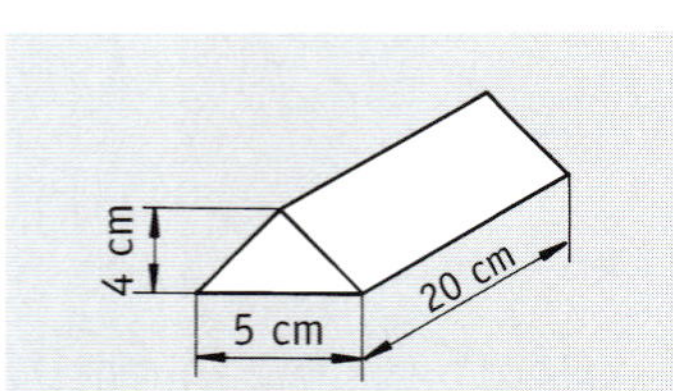

Pakete mit Hartwachs

Fach d

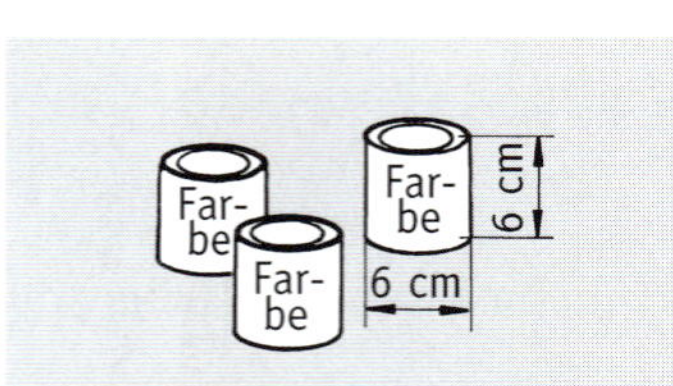

Kleine Farbdosen

Jede Dose ist in einer würfelförmigen Schachtel verpackt. Die Schachteln haben alle eine Kantenlänge von 6,2 cm.

Fach e

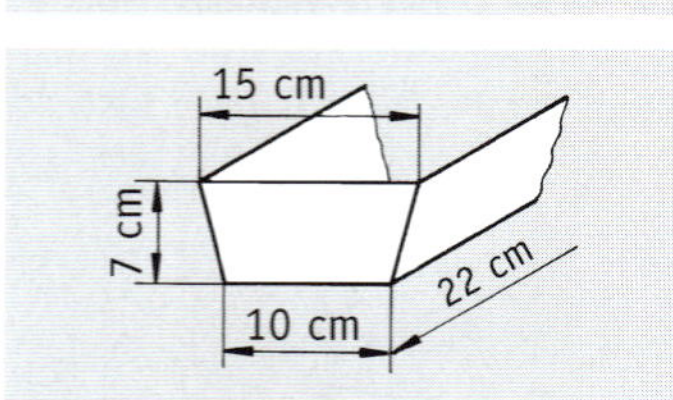

Tapetenbürsten

Die Tapetenbürsten sind in Schachteln (siehe Skizze) verpackt.

Aufgabe:
Berechnen Sie, wie oft der jeweilige Artikel in das ihm zugewiesene Fach passt.

18. Gleichungen und Formeln

Beispiel:

Die Waage ist im Gleichgewicht.

Auf der linken Seite sind 5 Gewichtsstücke zu je 1 kg, also insgesamt 5 kg.

Auf der rechten Waagschale sind 3 Pakete zu je 1 kg, außerdem ein Paket, von dem wir nicht wissen, wie schwer es ist.

Wir bezeichnen die noch nicht bekannte Masse dieses Pakets mit x kg. Da Gleichgewicht besteht, erhalten wir die folgende Gleichung:

$$5\text{ kg} = 3\text{ kg} + x\text{ kg}$$

Gesucht ist x.

Wie viel kg wiegt dieses Paket?

Bei dieser einfachen Gleichung kann man sich noch durch Probieren helfen.

Wir setzen für x die Zahl 1 ein.

Erhalten wir damit Gleichgewicht?

$$5\text{ kg} \stackrel{?}{=} 3\text{ kg} + 1\text{kg}$$

$$5\text{ kg} \stackrel{?}{=} 4\text{ kg} \qquad \text{(falsch)}$$

Wir setzen für x die Zahl 2 ein

Erhalten wir damit Gleichgewicht?

$$5\text{ kg} \stackrel{?}{=} 3\text{ kg} + 2\text{kg}$$

$$5\text{ kg} = 5\text{ kg} \qquad \text{(richtig)}$$

Wenn x = 2 ist, ergibt sich Gleichgewicht.

2 ist die einzige Lösung der Gleichung 5 kg = 3 kg + x kg.

Denn haben wir ein Paket von weniger als 2 kg oder mehr als 2 kg, so kann kein Gleichgewicht bestehen. Bei weniger als 2 kg hängt die linke Waagschale tiefer, bei mehr als 2 kg hängt sie höher als die rechte Waagschale.

1 Lösen Sie folgende Gleichungen durch Probieren:

a) 6 kg = 3 kg + x kg
b) 10 kg = 5 kg + x kg
c) 11 kg = x kg + 7 kg
d) 8 kg + x kg = 14 kg
e) 2,5 g + x g = 10 g
f) 8,7 kg = 4,5 kg + x kg
g) 150 g + x g = 642,5 g
h) x kg + 10,4 kg = 17,6 kg

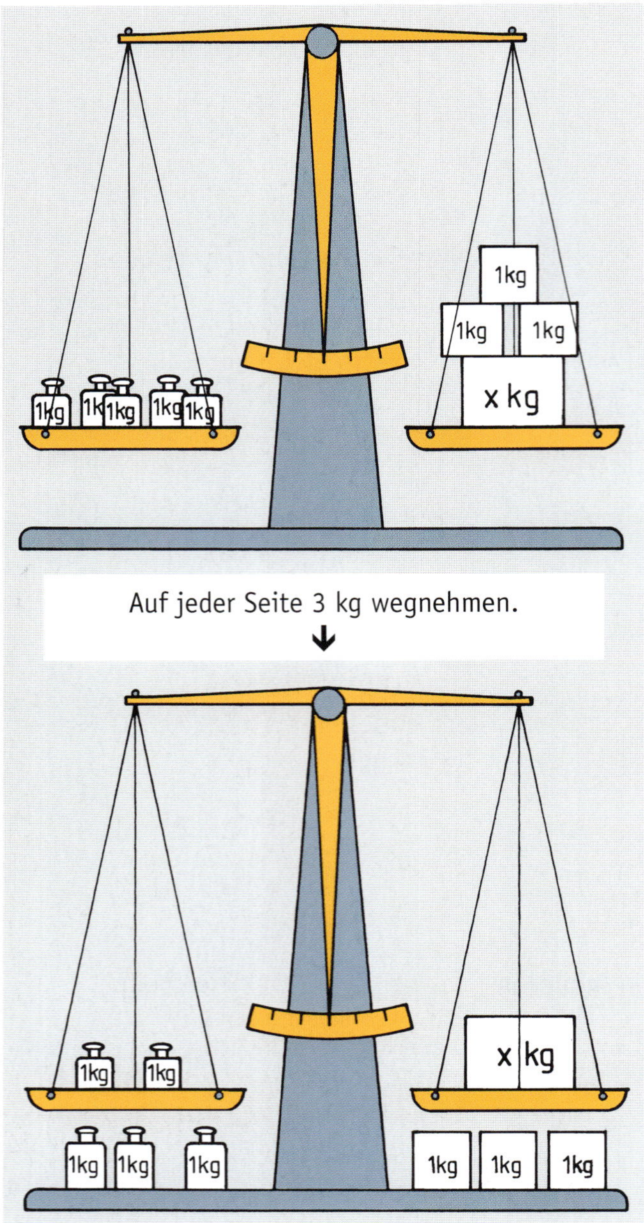

Bei manchen Gleichungen kann das Probieren sehr mühsam sein. Können wir uns auch anders helfen?

Wir betrachten wieder die Gleichung
$5 \text{ kg} = 3 \text{ kg} + x \text{ kg}$

Wir nehmen auf jeder Waagschale 3 kg weg. Das Gleichgewicht bleibt erhalten.

Auf der linken Waagschale sind jetzt noch 2 Gewichtsstücke zu je 1 kg, also 2 kg.

Auf der rechten Waagschale muss also ein Gewicht von 2 kg liegen.

Demnach ist $x = 2$.

Kürzer: (Die Bezeichnung kg lassen wir weg.)

$5 = 3 + x \quad | -3$ (Auf beiden Seiten des Gleichheitszeichens subtrahieren wir 3.)

$5 - 3 = 3 + x - 3$ $(3 + x - 3 = 3 - 3 + x = 0 + x = x)$

$\underline{2 = x}$ (oder $x = 2$)

Probe: $5 \stackrel{?}{=} 3 + 2$

$5 = 5$ (richtig)

2 Lösen Sie die folgenden Gleichungen.
Machen Sie jeweils die Probe.

a) $25 = 10 + x$	d) $x + 29 = 101$	g) $17{,}5 + x = 19{,}5$
b) $27 + x = 75$	e) $x + 14 = 112$	h) $112{,}4 = x + 90{,}4$
c) $x + 35 = 57$	f) $104 = 18 + x$	i) $500 = 222{,}2 + x$

Bei manchen Gleichungen bereitet das Modell der Waage Schwierigkeiten. Deshalb wollen wir noch eine andere Hilfe zum Lösen von Gleichungen kennenlernen:

Hilfe zum Lösen von Gleichungen:

Pfeildiagramme

Beispiele:

① $x - 4 = 5$

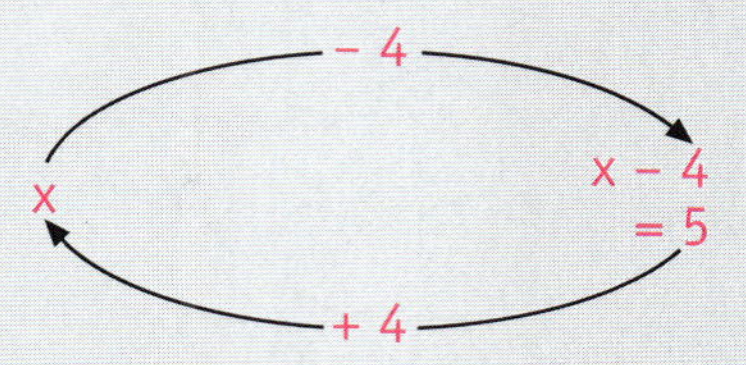

Zum Pfeil -4 gehört der Umkehrpfeil $+4$.

Um x zu erhalten, müssen wir zu 5 die Zahl 4 addieren, also:
$x = 5 + 4 = 9$.
Probe: $9 - 4 = 5$ (richtig)

Oder so:

$$\begin{aligned} x - 4 &= 5 \quad | +4 \\ x - 4 + 4 &= 5 + 4 \\ \underline{x} &\underline{= 9} \end{aligned}$$

② $x \cdot 5 = 20$

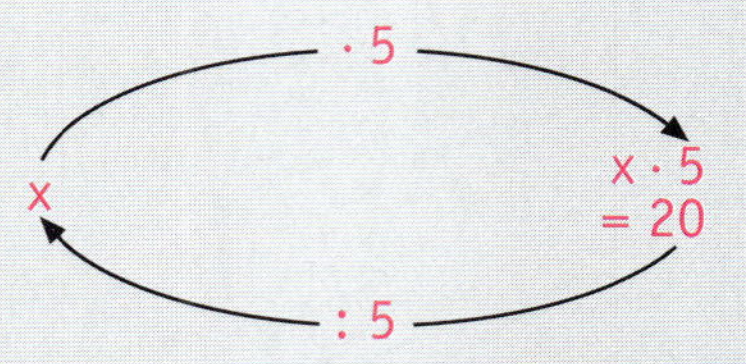

Zum Pfeil $\cdot 5$ gehört der Umkehrpfeil $:5$.

Um x zu erhalten, müssen wir 20 durch 5 dividieren, also:
$x = 20 : 5 = 4$.
Probe: $4 \cdot 5 = 20$ (richtig)

Oder so:

$$\begin{aligned} x \cdot 5 &= 20 \quad | :5 \\ (x \cdot 5) : 5 &= 20 : 5 \\ \underline{x} &\underline{= 4} \end{aligned}$$

③ $x : 3 = 8$

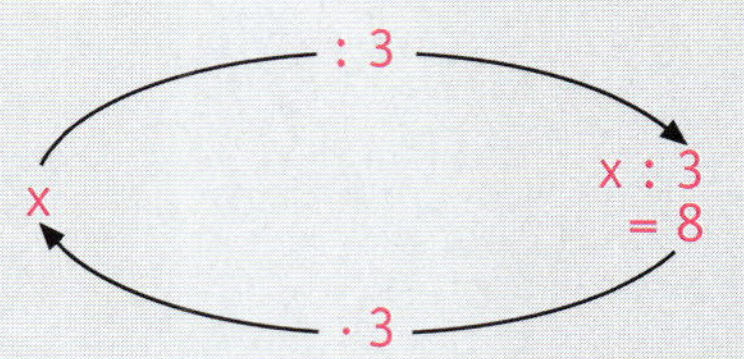

Zum Pfeil $:3$ gehört der Umkehrpfeil $\cdot 3$.

Um x zu erhalten, müssen wir 8 mit 3 multiplizieren, also:
$x = 8 \cdot 3 = 24$.
Probe: $24 : 3 = 8$ (richtig)

Oder so:

$$\begin{aligned} x : 3 &= 8 \quad | \cdot 3 \\ (x : 3) \cdot 3 &= 8 \cdot 3 \\ \underline{x} &\underline{= 24} \end{aligned}$$

3 Lösen Sie die folgenden Gleichungen. Benutzen Sie dabei Pfeildiagramme.

a) $x - 25 = 150$
b) $x - 35 = 47$
c) $x - 204 = 608$
d) $x + 48 = 100 + 37$
e) $28 + x = 49 + 21$
f) $128 + 12 = 29 + x$
g) $140 = x \cdot 28$
h) $100 = x \cdot 25$
i) $6 \cdot x = 42$
j) $x \cdot 5 = 35 \cdot 7$
k) $x : 4 = 4$
l) $x : 7 = 2$
m) $x : 3 = 3$
n) $x : 5 = 18 : 9$
o) $3 \cdot x = 10{,}5$

4 Lösen Sie die folgenden Gleichungen:

Beispiel: $x \cdot 4 - 9 = 19$

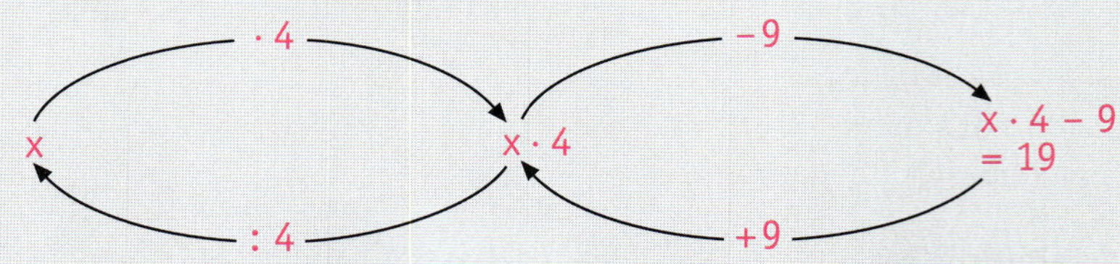

also: $x = (19 + 9) : 4 = 28 : 4 = 7$ — Probe: $7 \cdot 4 - 9 = 19$ (richtig)

Oder:

$$\begin{aligned} x \cdot 4 - 9 &= 19 && \mid +9 \\ x \cdot 4 - 9 + 9 &= 19 + 9 \\ x \cdot 4 &= 28 && \mid :4 \\ (x \cdot 4) : 4 &= 28 : 4 \\ x &= 7 \end{aligned}$$

a) $x \cdot 5 - 7 = 13$ b) $x \cdot 7 - 23 = 40$ c) $x : 3 + 20 = 25$

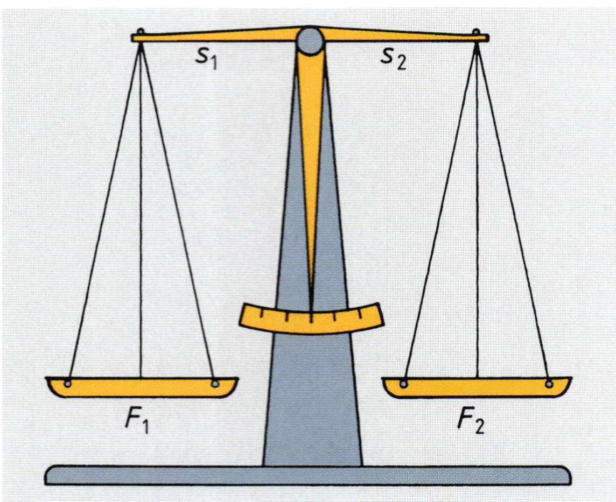

Was wir bisher mit Zahlen gemacht haben, können wir auch mit Buchstaben machen.

Sie erinnern sich an das

Hebelgesetz

Kraft · Kraftarm = Last · Lastarm

↓ ↓ ↓ ↓

$F_1 \cdot s_1 = F_2 \cdot s_2$

Wir lösen nun nicht mehr nach x auf, sondern nach der Größe, die gesucht wird.

Beispiel: Gesucht wird s_2.

$$\begin{aligned} F_1 \cdot s_1 &= F_2 \cdot s_2 \qquad \mid : F_2 \\ \frac{F_1 \cdot s_1}{F_2} &= \frac{F_2 \cdot s_2}{F_2} \\ \frac{F_1 \cdot s_1}{F_2} &= s_2 \end{aligned}$$

also: $s_2 = \frac{F_1 \cdot s_1}{F_2}$

Damit haben wir aus dem Hebelgesetz eine Formel gewonnen, die es uns in allen Fällen gestattet, für die gegebenen Größen F_1, F_2 und s_1 unmittelbar s_2 zu berechnen:

Beispiel: $F_1 = 1400$ N (Newton); $F_2 = 700$ N; $s_1 = 0{,}5$ m

Lösung: $s_2 = \frac{F_1 \cdot s_1}{F_2} = \frac{1400\ \text{N} \cdot 0{,}5\ \text{m}}{700\ \text{N}} = 2 \cdot 0{,}5\ \text{m} = 1\ \text{m}$

Der zweite Lastarm muss also 1 m lang sein, damit Gleichgewicht besteht.

5 Stellen Sie die Formel $F_1 \cdot s_1 = F_2 \cdot s_2$ nach F_1, nach s_1 und nach F_2 um.

Zum Befestigen der Schraube darf nur eine bestimmte Kraft (F) wirken; wirkt eine größere Kraft, so reißt die Schraube ab. Denken Sie an Schrauben des Zylinderkopfes oder der Ventile beim Auto. Der Schaden wäre groß.

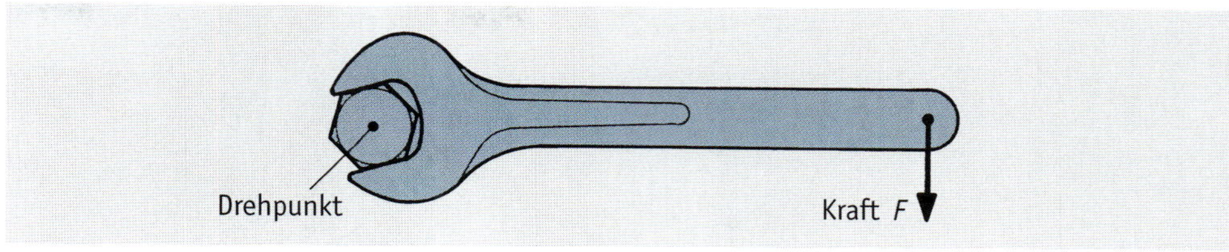

M ist das Kurzzeichen für Drehmoment.

$M = F \cdot s$

6 Berechnen Sie jeweils x.

Nm bedeutet Newtonmeter.

a) $F = 160$ N; $s = 0{,}25$ m; $M = $ x Nm
b) $M = 0{,}090$ kNm (Kilonewtonmeter); $s = 0{,}30$ m; $F = $ x kN (Kilonewton)
c) $M = 80$ Nm; $F = 320$ N; $s = $ x m

7 Berechnen Sie jeweils x.

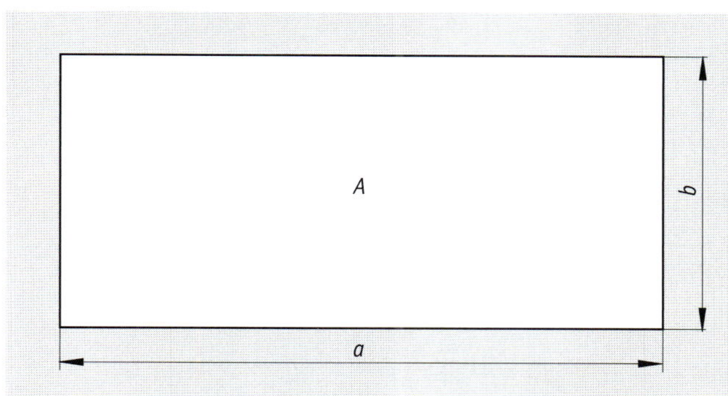

$A = a \cdot b$

a) a = 45 cm
b = 60 cm
A = x cm²

b) A = 2000 mm²
a = 40 mm
b = x mm

c) A = 600 cm²
b = 12 cm
a = x cm

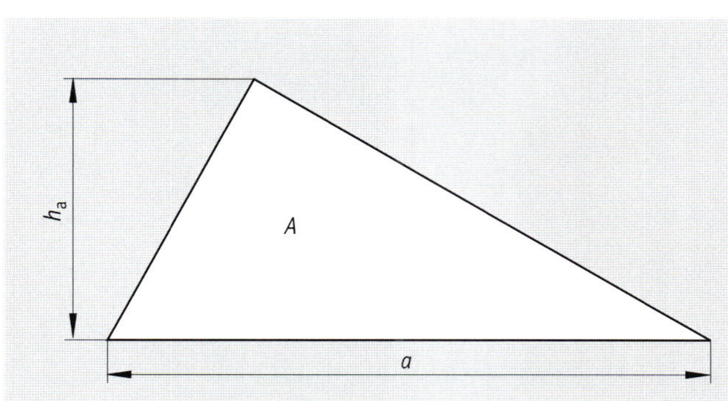

$$A = \frac{a \cdot h_a}{2}$$

d) A = 3000 mm²
a = 100 mm
h_a = x mm

e) A = 800 cm²
h_a = 40 cm
a = x cm

f) A = 100 m²
h_a = 25 m
a = x m

19. Der Lehrsatz des Pythagoras

Der Bauherr eines Hauses beschwert sich, dass eine Hausecke nicht rechtwinklig gemauert wurde.

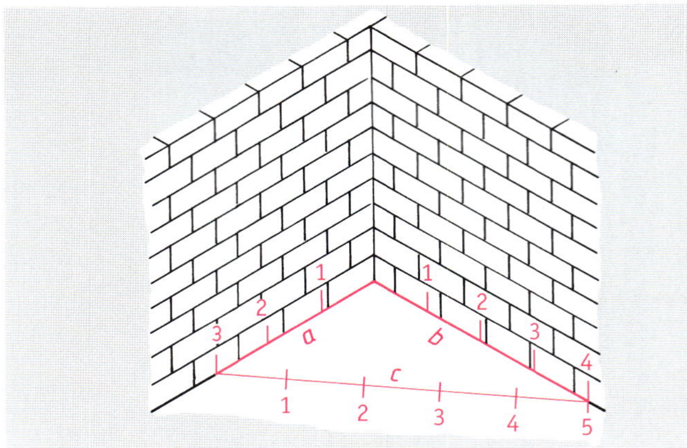

Der Handwerker zeichnet sich an der einen Wand (von der Ecke aus gemessen)
$a = 3$ m
und an der anderen Wand
$b = 4$ m an.
Er misst die Seite $c = 5$ m und behauptet, die Hausecke ist rechtwinklig.

Wie konnte er diese Behauptung aufstellen?

Überprüfen Sie selbst die Behauptung, indem Sie ein Dreieck mit folgenden Seitenlängen zeichnen:

$a = 3$ cm
$b = 4$ cm
$c = 5$ cm

Wie groß ist der Winkel am Punkt C?

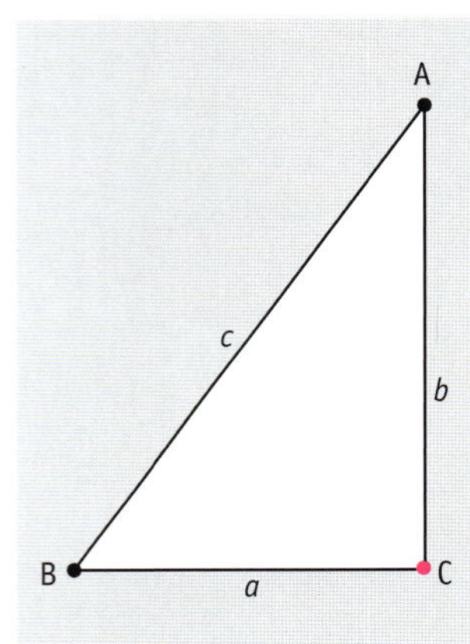

In einem rechtwinkligen Dreieck nennt man die Seiten

a, *b* Katheten

und die Seite

c die Hypotenuse .

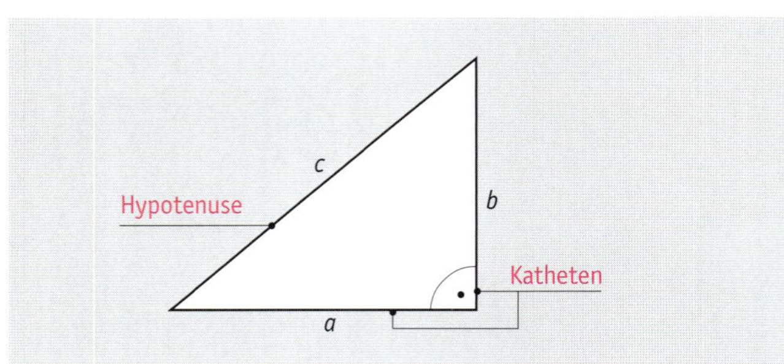

Lehrsatz des Pythagoras:

In jedem rechtwinkligen Dreieck ist der Flächeninhalt des Quadrates über der Hypotenuse gleich der Summe der Inhalte der beiden Quadrate über den Katheten.

Die Formel lautet: $c^2 = a^2 + b^2$

Wir wollen den Lehrsatz überprüfen:

$a = 3$ cm
$b = 4$ cm
$c = 5$ cm

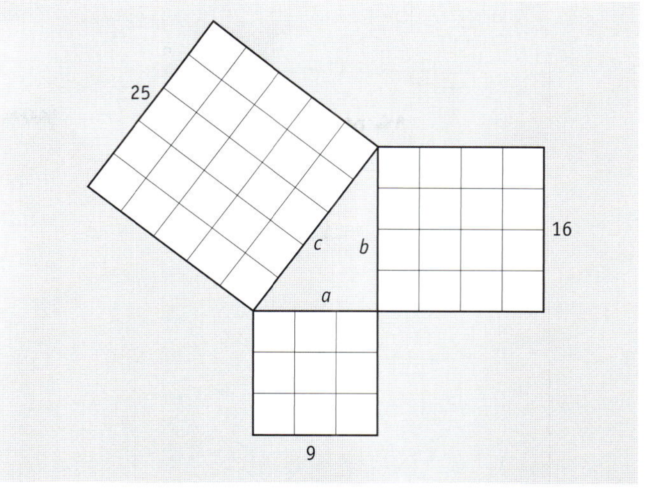

Die Zeichnung bestätigt die Formel (9 + 16 = 25).

Wir wollen sie auch rechnerisch überprüfen:
Wir setzen in die Formel die Größen a und b ein und berechnen c.

Die Formel lautet:

$$c^2 = a^2 + b^2$$
$$c^2 = (3 \cdot 3)\ \text{cm}^2 + (4 \cdot 4)\ \text{cm}^2$$
$$c^2 = 9\ \text{cm}^2 + 16\ \text{cm}^2$$
$$\underline{c^2 = 25\ \text{cm}^2}$$

Wollen wir die Größe c ausrechnen, müssen wir $\sqrt{25}$ berechnen. Es gilt: $\sqrt{25} = 5$.

Also bestätigt sich: $c = 5$ cm.

Ein **Beispiel** aus der Praxis:

(Rechnungen ohne Maßeinheiten)

Der Ausleger für eine Seilzugrolle soll mit der Strebe (c) verstärkt werden.

Wie lang muss diese werden?

$$c^2 = a^2 + b^2$$
$$c^2 = 2^2 + 1{,}5^2$$
$$c^2 = (2 \cdot 2) + (1{,}5 \cdot 1{,}5)$$
$$c^2 = 4 + 2{,}25$$
$$c^2 = 6{,}25$$
$$c = \sqrt{6{,}25}$$
$$\underline{c = 2{,}5}$$

Antwort: Die Strebe muss 2,50 m lang werden.

In den folgenden Aufgaben sind a, b die Kathetenlängen und c die Hypotenusenlänge eines rechtwinkligen Dreiecks. Bestimmen Sie jeweils x.

1 a) $a = 4$ m, $b = 3$ m, $c = x$ m   b) $a = 5$ cm, $b = 7$ cm, $c = x$ cm

2 a) $a = 9$ m, $b = 6$ m, $c = x$ m   b) $a = 10$ cm, $b = 10$ cm, $c = x$ cm

3 a) $a = 7$ m, $b = 5$ m, $c = x$ m   b) $a = 5$ km, $b = 9$ km, $c = x$ km

Um auch a oder b berechnen zu können, stellen wir die Formel $\boldsymbol{c^2 = a^2 + b^2}$ nach a^2 bzw. b^2 um.

Dann ist

$$a^2 = c^2 - b^2$$
$$b^2 = c^2 - a^2$$

In den folgenden Aufgaben sind a, b die Kathetenlängen und c die Hypotenusenlänge eines rechtwinkligen Dreiecks.

4 a) $a =$ x m, $b = 3$ m, $c =$ 5 m b) $a =$ x cm, $b = 5$ cm, $c =$ 7 cm

5 a) $a =$ x m, $b = 3$ m, $c =$ 7 m b) $a =$ x cm, $b = 9$ cm, $c = 10$ cm

6 a) $a =$ 6 m, $b =$ x m, $c =$ 9 m b) $a = 13$ cm, $b =$ x cm, $c = 15$ cm

7 a) $a = 10$ m, $b =$ x m, $c = 11$ m b) $a = 14$ cm, $b =$ x cm, $c = 20$ cm

8

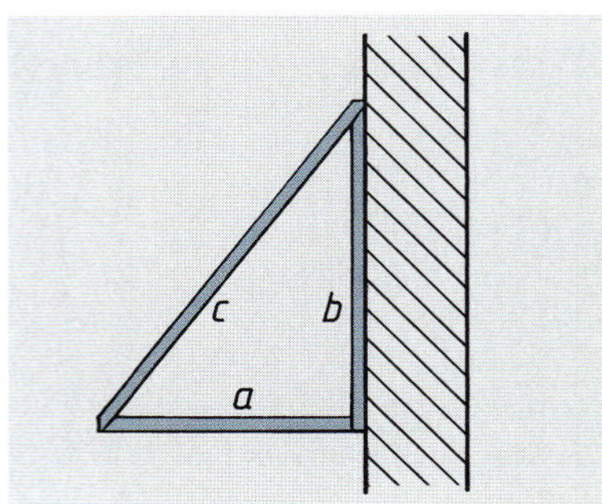

Es werden Regalteile nach nebenstehender Zeichnung gebaut. Verwendet wird dabei Flacheisen 6 x 30, wobei
Strebe a 0,50 m und
Strebe b 0,60 m lang sind.

Wie lang muss die Strebe c werden?

9

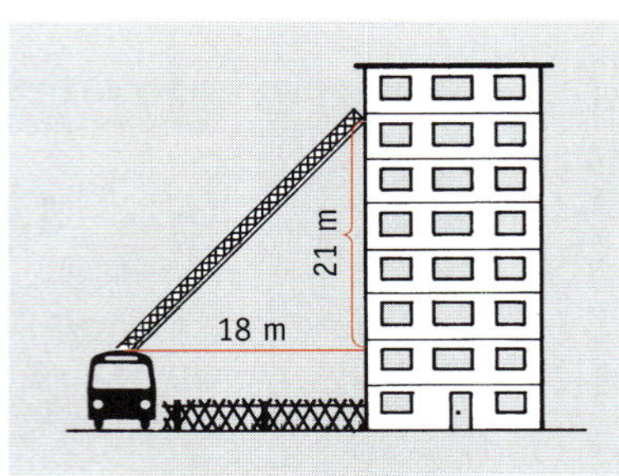

Wie lang muss die Feuerwehrleiter sein, falls es im obersten Stock des Hochhauses brennen sollte?

10

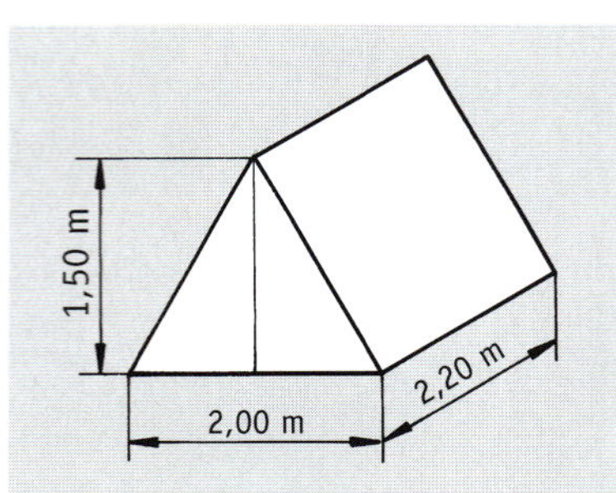

Die Stirnseite eines Zeltes sieht aus wie ein gleichschenkliges Dreieck.

Wie groß ist die Fläche des Zeltdaches, wenn das Zelt 2,20 m lang ist?

11

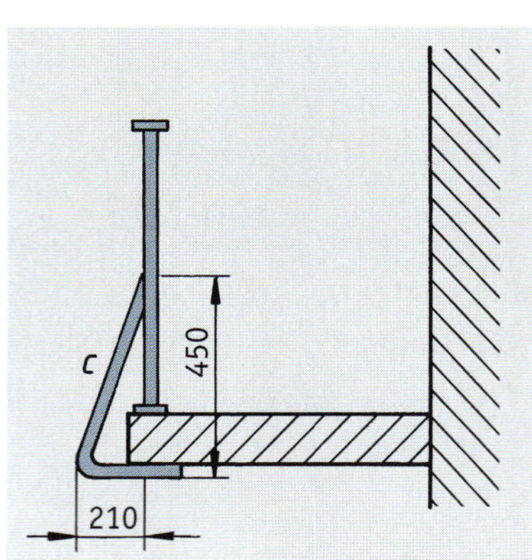

Für die Herstellung einer Verstrebung eines Balkongeländers muss die Länge der Strebe c berechnet werden.

Wie lang muss diese sein?

20. Prozentrechnen (Prozentsatz, Grundwert)

Beispiel 1: Ein CD-Player kostet 600,00 €. Der Händler gewährt 3 % Skonto. Wie hoch ist der Skonto in €?

Wir rechnen:

$$100\,\% \triangleq 600\,€$$

: 100 ↓ ↓ : 100

$$1\,\% \triangleq \frac{600}{100}\,€$$

· 3 ↓ ↓ · 3

$$3\,\% \triangleq \frac{600 \cdot 3}{100}\,€$$

Wir geben den Größen in unserem Beispiel einen Namen:

600,00 €	Grundwert	(G)
3	Prozentsatz	(p)
18,00 €	Prozentwert	(P)

$$\text{Prozentwert} = \frac{\text{Grundwert} \cdot \text{Prozentsatz}}{100}$$

Prozentwert = 18,00 €

Kurz $P = \frac{G \cdot p}{100}$

Wir rechnen mit unserer Formel das Beispiel durch:

G = 600,00 € $\quad P = \frac{G \cdot p}{100}$

p = 3

P = x € $\quad P = \frac{600\,€ \cdot 3}{100}$ (Wir kürzen.)

$P = 18{,}00\,€$

Antwort: Der Skonto beträgt 18,00 €.

Beispiel 2: Eine Schrankwand kostet 6000,00 €. Der Händler will bei Barzahlung 200,00 € nachlassen.
Wie viel Skonto wäre dies in %?

G = 6000,00 €
P = 200,00 €
p = x

Wir nehmen die Formel von oben und stellen diese nach p um.

$P = \frac{G \cdot p}{100}$ | · 100

$P \cdot 100 = G \cdot p$ | : G

$\frac{P \cdot 100}{G} = p$ → vertausche Seiten → $p = \frac{P \cdot 100}{G}$

Wir setzen ein: $p = \frac{200\,€ \cdot 100}{6000\,€}$

Wir kürzen: $p = \frac{200 \cdot 100}{6000} = \frac{20}{6} = \frac{10}{3}$

$p = 3\frac{1}{3}$

Antwort: Der Händler gewährt $3\frac{1}{3}$ % Skonto.

Beispiel 3: Die Miete wird um 13 % erhöht. Eine Familie muss nun monatlich 28,60 € mehr Miete bezahlen.
Berechnen Sie, wie hoch die alte Miete pro Monat war.

P = 28,60 €
p = 13
G = x €

$P = \frac{G \cdot p}{100}$ | · 100 (Wir suchen G.)

$P \cdot 100 = G \cdot p$ | : p

$\frac{P \cdot 100}{p} = G$ → vertausche Seiten $G = \frac{P \cdot 100}{p}$

Wir setzen ein: $G = \frac{28{,}60\ € \cdot 100}{13}$

$\underline{G = 220{,}00\ €}$

Antwort: Die alte Miete betrug 220,00 € im Monat.

1 Eine Blechtafel wird nach Zeichnung bearbeitet.

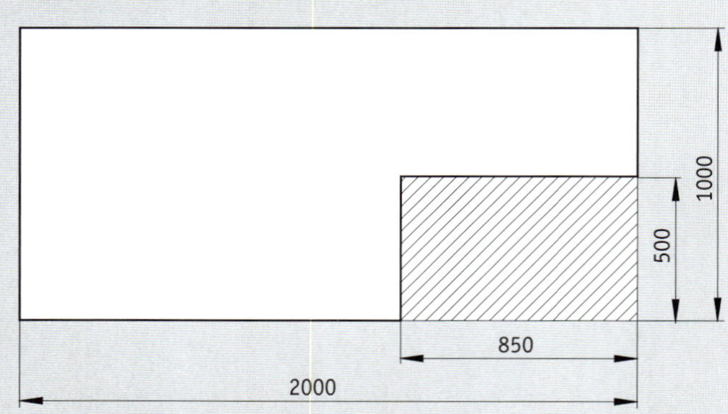

Berechnen Sie den Verschnitt in %.
(Der Verschnitt ist schraffiert.)

2 Das Uhrwerk für eine Wanduhr wird um 2,00 € teurer als im Vorjahr, dies sind 5 % mehr.

Wie teuer war das Uhrwerk, und wie teuer ist es jetzt?

3 Familie Meier benötigt pro Jahr etwa 3000 l Heizöl. Vor 10 Jahren kostete 1 l Heizöl umgerechnet 0,41 €. Was kostet es heute? Damals verdiente Herr Meier umgerechnet 1900,00 € im Monat, heute sind es 2950,00 €.

Berechnen Sie jeweils den prozentualen Anteil der Heizkosten am Einkommen vor 10 Jahren und heute, und vergleichen Sie die Anteile. Was fällt Ihnen auf?

4 Berechnen Sie die Ersparnisse in %, wenn der Grundwert jeweils mit 1600 l angesetzt wird.

Jährlicher Heizölverbrauch

Beispiel für ein Einfamilienhaus mit 140 m² Außenwandfläche und 30 cm Wanddicke

5 a) Berechnen Sie die Anteile in % der einzelnen Zimmer an der gesamten Grundausstattung einer Zweizimmerwohnung.

b) Fertigen Sie ein Säulendiagramm über die einzelnen Anteile der Grundausstattung an. (10 % ≙ 1 cm)

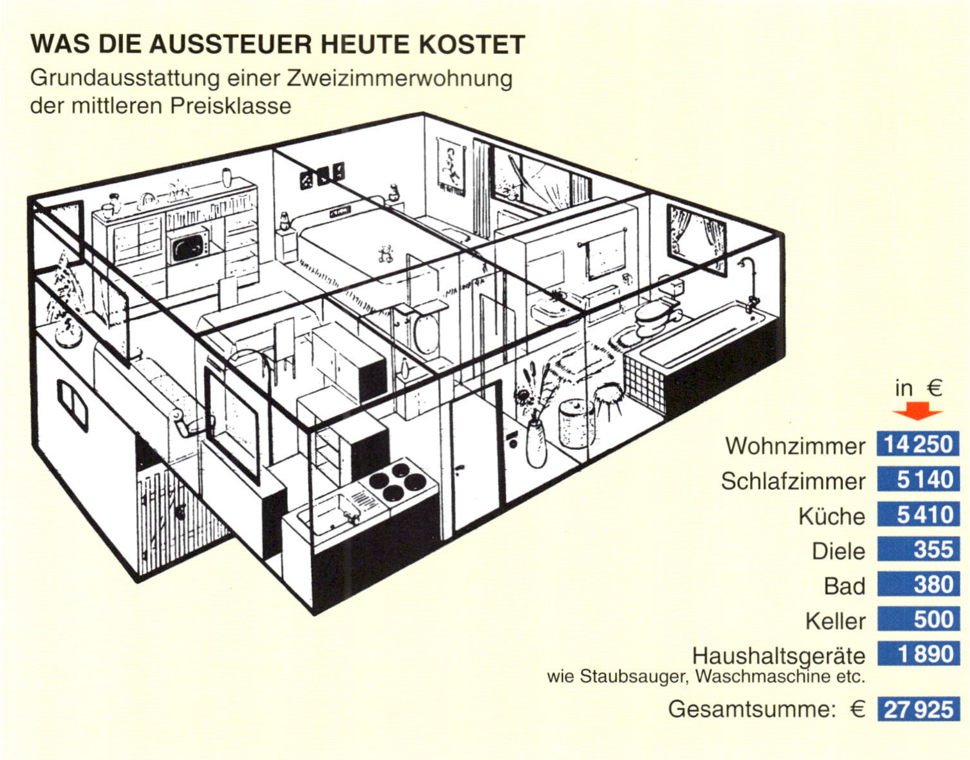

6

Ein Farbfernsehgerät wird zu einem Sonderpreis angeboten.

Berechnen Sie die Ersparnis in %, wenn der Preis von 1848,00 € auf 1650,00 € herabgesetzt wird.

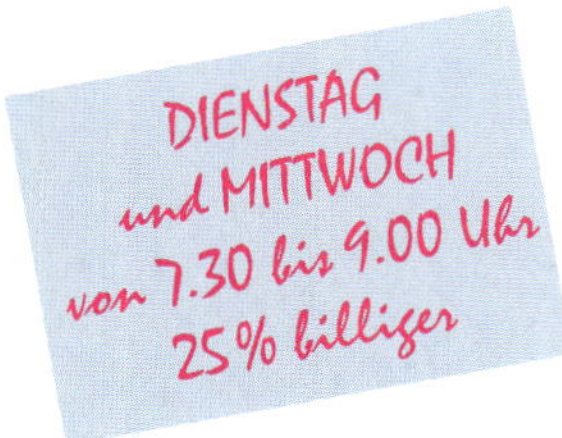

7 Eine Komfortwagenwäsche kostet 7,90 €. An einem Dienstagmorgen bezahlt der Kunde nur 6,50 €.

Hat die Tankstelle den Preis um 25 % verbilligt?

8 Für einen Ölwechsel zahlt ein Kunde 176,10 €. Die Nachbarwerkstatt erbringt die gleiche Leistung für 145,00 €.

Wie viel % werden gespart?

9 In einer Werbeaktion wird ein Autoverbandskasten für 21,50 € angeboten. Der gleiche Verbandskasten kostet sonst 26,00 €.

Wie viel % ist das Sonderangebot günstiger?

10 Die Öffnungszeiten einer Tankstelle werden erweitert:
Montag bis Freitag: bisher 6.00 bis 22.00 Uhr, neu bis 24.00 Uhr,
Sonnabend bis Sonntag: bisher 9.00 bis 16.00 Uhr, neu 8.00 bis 18.00 Uhr.

Um wie viel % wurden die Öffnungszeiten erweitert?

11 Ein Autofeuerlöscher kostet 52,00 €. Der Preis wird auf 54,80 € erhöht.

Wie viel % beträgt die Preiserhöhung?

12 Michaela und Karsten wollen ihren Gebrauchtwagen mit einem CD-Wechsler für 410,00 € nachrüsten lassen. In der Tageszeitung wird der CD-Wechsler für 270,00 € zum Verkauf angeboten.

Wie viel % können sie durch dieses Angebot sparen?

13 1 m^3 Eichenholz hat ein Nassgewicht von 828 kg. Nach künstlicher Trocknung wiegt es nur noch 656 kg.

Wie viel % beträgt der Gewichtsverlust?

14 Ein grünes Fichtenbrett hat eine Breite von 46 cm. Nach dem Trocknen beträgt die Breite nur noch 38,5 cm.

Wie viel % beträgt der Schwundverlust?

15 Für Tischlerarbeiten an einem Neubau wird ein Kostenvoranschlag in Höhe von 10 500,00 € erstellt.
Es liegen Angebote von
a) 10 760,00 € b) 10 420,00 € c) 10 280,00 €
d) 10 100,00 € und e) 9 400,00 € vor.

Um wie viel % wird der Kostenvoranschlag in jedem einzelnen Fall über- bzw. unterschritten?

16 Wie viel ml reiner Alkohol sind in 5 l Blut bei einem Anteil von 1,3 ‰?

1 ‰ (1 Promille) = $\frac{1}{1000}$

21. Zinsrechnen

Beispiel 1: Für ein Sparguthaben von 200,00 € erhalten Sie nach einem Jahr 10,00 € Zinsen (Zinssatz 5 %).
5 % von 200,00 € sind 10,00 €.

Prozentrechnen mit Geldwerten nennt man auch **Zinsrechnen.**

Beispiel 1	**Prozentrechnen**	**Zinsrechnen**
200,00 €	Grundwert	Kapital
10,00 €	Prozentwert	Jahreszinsen
5 %	Prozentsatz	Zinssatz

Für die Begriffe, die Sie aus der Prozentrechnung kennen, werden in der Zinsrechnung eigene Worte benutzt. Das Wort „Jahreszinsen" verwendet man, wenn die Verzinsung ein Jahr dauert.

1 Monika hat auf ihrem Sparbuch 780,00 € angespart.

Wie viel € hat sie nach einem Jahr, wenn ein Zinssatz von 3,5 % vereinbart ist?

2 Beate eröffnet bei einer Bank ein Sparkonto.
Sie zahlt 200,00 € ein und erhält 4 % Zinsen.

a) Wie hoch ist ihr Guthaben nach einem Jahr?
b) Wie hoch ist ihr Guthaben nach zwei Jahren?

3 Drei Freundinnen vergleichen ihre Sparguthaben. Es wird gerätselt, wer wohl die meisten Zinsen für ein Jahr erhält.
Paula hat ein Guthaben von 2 043,00 €; sie erhält $4^1/_2$ % Zinsen.
Anja sparte 1864,00 € zu 5,5 % Zinsen.
Nena hat mit 3 002,00 € am meisten gespart; ihre Bank gibt ihr 4 % Zinsen.

Berechnen Sie für jedes Mädchen die Jahreszinsen.

4 Bei einem Ratenzahlungsvertrag über 3 420,00 € vereinbaren Sie, dass die Jahreszinsen 9,6 % betragen sollen.
Die Tilgung erfolgt in 3 Jahresraten.

a) Welche Rate müssen Sie jedes Jahr zahlen?
b) Welche Zinsen müssen Sie im ersten Jahr, im zweiten Jahr und im dritten Jahr zahlen?
c) Wie viel Zinsen zahlen Sie insgesamt?

5 Ein Sparer erhielt in drei Jahren bei einem Zinssatz von 4 % insgesamt 144,00 € Zinsen. Am Ende eines jeden Jahres hob er die Zinsen von seinem Sparbuch ab.

a) Welchen Betrag hatte der Sparer vor 3 Jahren auf seinem Sparbuch?
b) In den nächsten Jahren will der Sparer die jeweils erhaltenen Zinsen **nicht** abheben. Wie viele Jahre muss er nun warten, bis sein Sparguthaben auf über 1800,00 € angewachsen ist? Legen Sie sich eine Tabelle an.

Beispiel 2: Sie eröffnen am 23. Februar ein Sparkonto und zahlen 580,00 € ein.
Wie viel € werden Ihnen ausgezahlt, wenn Sie am 26. Juli desselben Jahres Ihr Sparbuch wieder auflösen (Zinssatz 4,5 %)?

Dauert die Verzinsung nicht ein volles Jahr, so muss die Zeit berücksichtigt werden. Wird das Geld kürzer als ein Jahr verzinst, gilt folgende Vereinbarung: Für ein halbes Jahr gibt es die Hälfte der Jahreszinsen, für ein Dritteljahr ein Drittel der Jahreszinsen usw.

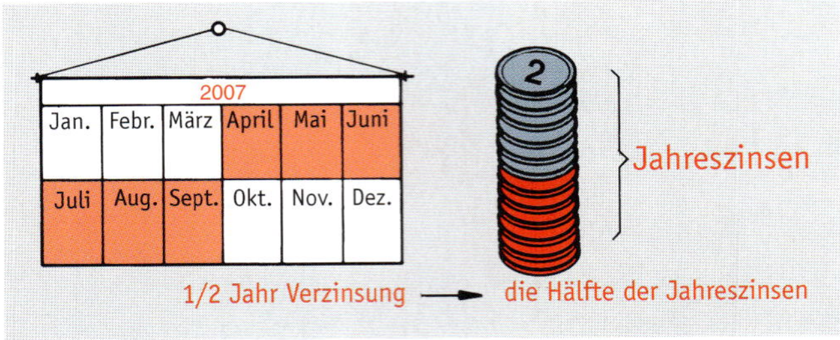

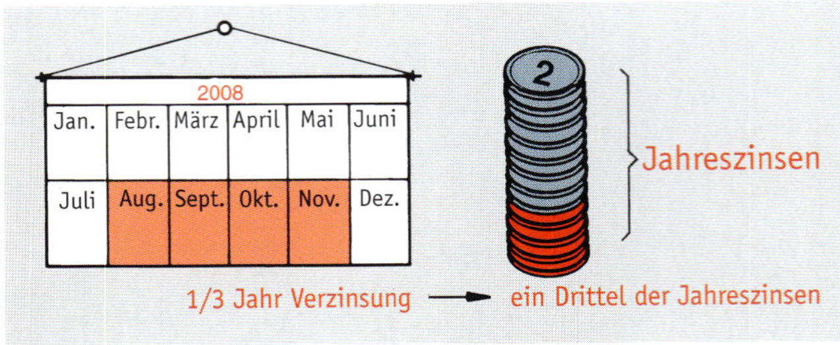

Die Anzahl der Zinstage wird für **jeden Monat** mit **30 Tagen,** für **jedes Jahr** mit **360 Tagen** berechnet. Der erste Tag wird nicht mitgezählt, wohl aber der letzte Tag.
(Es gibt auch Fälle, in denen Banken die Zinsen auf den Tag genau berechnen.)

Berechnung der Zinstage für **Beispiel 2:**

23. Februar (wird **nicht** mitgezählt) bis „30. Februar":	7 Tage
März bis Juni (4 Monate zu 30 Tagen):	120 Tage
1. Juli bis 26. Juli (wird mitgezählt):	26 Tage
insgesamt:	153 Tage

Ausführliche Lösung:

Für 100 € erhalten Sie nach 360 Tagen 4,50 € Zinsen.

Für 1 € erhalten Sie nach 360 Tagen $\frac{4,50}{100}$ € Zinsen.

Für 580 € erhalten Sie nach 360 Tagen $\frac{4,50 \cdot 580}{100}$ € Zinsen.

Für 580 € erhalten Sie nach 1 Tag $\frac{4,50 \cdot 580}{100 \cdot 360}$ € Zinsen.

Für 580 € erhalten Sie nach 153 Tagen $\frac{4,50 \cdot 580 \cdot 153}{100 \cdot 360}$ € Zinsen.

Nebenrechnung: $\frac{4,5 \cdot 580 \cdot 153}{100 \cdot 360} = 11,0925 \approx 11,09$; $580,00 + 11,09 = 591,09$

Antwort: Einschließlich Zinsen werden Ihnen 591,09 € ausgezahlt.

6 Ein Sparer zahlt 1080,00 € auf sein Konto ein. Nach 166 Zinstagen lässt er sich das Sparguthaben einschließlich Zinsen auszahlen.
Welchen Betrag erhält er bei einem Zinssatz von 4,5 % ausbezahlt?

7 Karl Huber zahlt am 12. Januar 658,00 € bei der Sparkasse ein und am 3. November desselben Jahres hebt er den gesamten Betrag wieder ab.
Berechnen Sie die Zinsen bei einem Zinssatz von $4\,^3/_4$ %.

8 Am 31. 12. 2003 hatten Sie einen Betrag von 350,00 € auf Ihrem Sparkonto.
a) Wie viel € erhalten Sie von der Sparkasse, einschließlich gleichbleibenden Zinsen von 3 %, wenn Sie heute alles abheben?
Stellen Sie eine Tabelle auf, in der jedes Jahr berücksichtigt wird.
b) Wie viel € würden Sie heute bei einem gleichbleibenden Zinssatz von 3,5 % abheben können?

Beispiel 3: Onkel Hans möchte seinem Patenkind ein Sparkonto anlegen. Es soll nach 100 Tagen bei einem Zinssatz von 5 % 50,00 € Zinsen bringen.
Wie viel € muss Onkel Hans einzahlen?

Lösung mithilfe einer Tabelle:

	Kapital	Zinstage		Zinsen	
· 10	100 €	360		5 €	· 10
· 360	1 000 €	360	: 360	50 €	
: 100	360 000 €	1	· 100	50 €	
	3 600 €	100		50 €	

Bei gleichbleibenden Zinsen stehen Kapital und Anzahl der Zinstage im umgekehrten Verhältnis.

Antwort: Onkel Hans muss 3 600,00 € einzahlen.

9 Anita legt sich ein Sparkonto an.

Wie viel € muss sie einzahlen, damit sie sich nach 200 Tagen bei einem Zinssatz von 4 % einschließlich Zinsen 100,00 € auszahlen lassen kann?

10 Heinz Schmidt holt sich von der Sparkasse einen Kredit. Vom 8. März bis 4. September zahlt er bei einem Zinssatz von 9,5 % Zinsen in Höhe von 326,35 €.

Wie hoch war sein Kredit?

Beispiel 4: Ehepaar Huber hat einen Kredit in Höhe von 25 000,00 € aufgenommen. Die monatlichen Zinsen betragen 156,25 €.
Welcher Zinssatz liegt hierbei zugrunde?

Lösung mithilfe einer Tabelle:

	Zinsen		Zeitdauer	Zinssatz	
: 25 000	25 000,00 €		12 Monate	100 %	: 25 000
· 156,25	1,00 €		12 Monate	$\frac{100}{25\,000}$ %	· 156,25
	156,25 €	: 12	12 Monate	$\frac{100 \cdot 156{,}25}{25\,000}$ %	· 12
	156,25 €		1 Monat	$\frac{100 \cdot 156{,}25 \cdot 12}{25\,000}$ %	

Bei gleichbleibenden Zinsen stehen Zeitdauer und Zinssatz im umgekehrten Verhältnis.

Nebenrechnung: $\frac{100 \cdot 156{,}25 \cdot 12}{25\,000} = 7{,}5$

Antwort: Es wurde ein Zinssatz von 7,5 % vereinbart.

11 Um ein Auto kaufen zu können, haben Sie einen Kredit von 7 500,00 € aufgenommen. Zusätzlich zur Tilgung (jeden Monat 312,50 €) müssen Sie monatlich 59,38 € Zinsen zahlen.

Zu welchem Zinssatz haben Sie den Kredit aufgenommen?

12 Um einen Kredit von 1 635,00 € zu tilgen, muss Karl Huber bei einer Laufzeit von $6\frac{1}{2}$ Monaten außer Tilgung Zinsen in Höhe von 100,00 € zahlen.

Welchen Zinssatz hat die Bank zugrunde gelegt?

13 Marita und Markus möchten eine Kücheneinrichtung für 2 280,00 € kaufen. Sie besitzen keine Ersparnisse, könnten aber während der nächsten 14 Monate jeden Monat etwa 180,00 € aufbringen. Der Händler schlägt ihnen vor, eine Anzahlung von 180,00 € zu leisten und die restlichen 2 100,00 € in 14 monatlichen Raten zu zahlen, die erste Rate nach einem Monat. Bei der Berechnung der Raten will der Händler die Restschuld von 2 100,00 € mit 0,5 % **pro Monat** über die gesamte Laufzeit von 14 Monaten verzinsen.

a) Wie hoch ist die monatliche Rate?
b) Der Händler sagt, dass diese Ratenzahlung einem **effektiven Zinssatz** von 11,7 % (pro Jahr) entspricht.
Stimmt diese Angabe?

Faustformel zur Berechnung des effektiven Zinssatzes:

effektiver Zinssatz ≈ 24 · nominaler Zinssatz pro Monat

(Der effektive Zinssatz gibt die tatsächliche Belastung des Kreditnehmers wieder. Im Beispiel beträgt der nominale Zinssatz 0,5 %.)

14 Karl Huber hat zum 1. 1. 2008 für den Bau seines Hauses eine Hypothek in Höhe von 50 000,00 € aufgenommen.
Konditionen: 1 % Tilgung jährlich,
Zinsen 6 %,
monatliche Rückzahlung für Zinsen und Tilgung: 291,67 €.
Die Zinsen werden vierteljährlich von den jeweils noch vorhandenen Schulden berechnet.

Wie hoch sind die Schulden nach 5 Jahren?

Legen Sie sich eine Tabelle nach folgendem Muster an:

Quartal	Schuld am Anfang des Quartals	Einzahlung für 3 Monate	Zinsen	Schuld am Ende des Quartals
1. Quartal 2008	50 000,00 €	875,01 €	?	?
2. Quartal 2008	?	?	?	?

Anhang

Formeln

Umfang eines **Quadrates**		$U = 4 \cdot a$
Flächeninhalt eines **Quadrates**	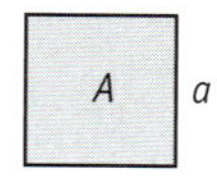	$A = a^2 = a \cdot a$
Umfang eines **Rechtecks**	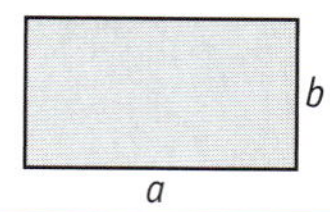	$U = 2 \cdot a + 2 \cdot b$
Flächeninhalt eines **Rechtecks**	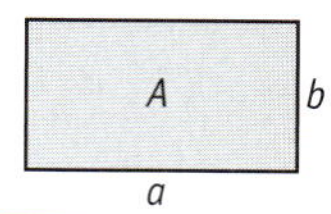	$A = a \cdot b$
Flächeninhalt eines **Dreiecks**	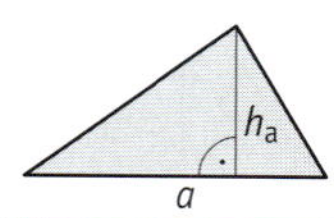	$A = \frac{a \cdot h_a}{2}$
Flächeninhalt eines **Trapezes**	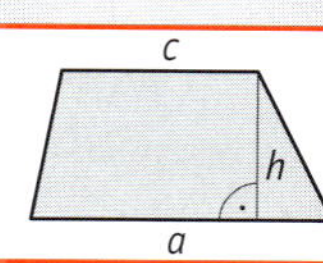	$A = \frac{a + c}{2} \cdot h$
Umfang eines **Kreises**	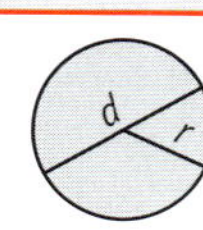	$U = 2 \cdot r \cdot \pi$ $= d \cdot \pi \approx d \cdot 3{,}14$
Flächeninhalt eines **Kreises**	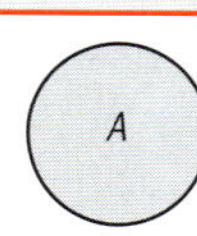	$A = r^2 \cdot \pi$ $= d^2 \cdot \frac{\pi}{4} \approx d^2 \cdot 0{,}785$
Volumen einer **rechteckigen Säule**	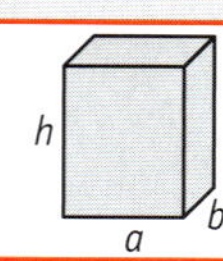	$V = a \cdot b \cdot h$
Volumen eines **Würfels**	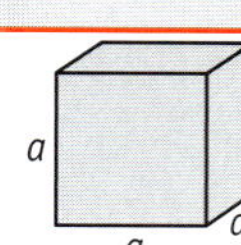	$V = a \cdot a \cdot a = a^3$
Volumen eines **Zylinders**	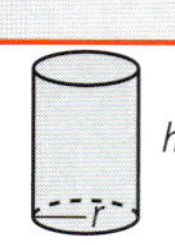	$V = r^2 \cdot \pi \cdot h$ $= A \cdot h$
Lehrsatz des Pythagoras	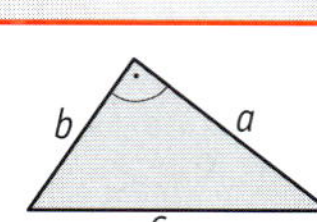	$c^2 = a^2 + b^2$

Prozentwert $= \frac{\text{Grundwert} \cdot \text{Prozentsatz}}{100}$

Prozentsatz $= \frac{\text{Prozentwert} \cdot 100}{\text{Grundwert}}$

Grundwert $= \frac{\text{Prozentwert} \cdot 100}{\text{Prozentsatz}}$

Zinsen: $Z = \frac{K \cdot i \cdot p}{100}$

Kapital: $K = \frac{Z \cdot 100}{i \cdot p}$

Anzahl der Jahre: $i = \frac{Z \cdot 100}{K \cdot p}$

Zinssatz: $p = \frac{Z \cdot 100}{K \cdot i}$

i bei Monatszinsen: $i = \frac{m}{12}$

i bei Tageszinsen: $i = \frac{t}{360}$